U0235213

深圳中大环保系列研究成果

粤港澳大湾区
典型城市化区域 GEP 探索与实践
——以深圳市罗湖区为例

叶有华　李思怡　等　编著

中国环境出版集团 · 北京

图书在版编目 (CIP) 数据

粤港澳大湾区典型城市化区域 GEP 探索与实践：以深圳市罗湖区为例 / 叶有华等编著 . —北京：中国环境出版集团，2019.10

（深圳中大环保系列研究成果）

ISBN 978-7-5111-4145-3

Ⅰ.①粤… Ⅱ.①叶… Ⅲ.①生态系—生产总值—经济核算—研究—深圳 Ⅳ.① X196

中国版本图书馆 CIP 数据核字（2019）第 235112 号

出 版 人 武德凯
责任编辑 宋慧敏
责任校对 任 丽
封面设计 彭 杉

出版发行 中国环境出版集团
（100062 北京市东城区广渠门内大街 16 号）
网 址：http: //www.cesp.com.cn
电子邮箱：bjgl@cesp.com.cn
联系电话：010-67112765（编辑管理部）
010-67112738（第六分社）
发行热线：010-67125803，010-67113405（传真）

印 刷 北京市联华印刷厂
经 销 各地新华书店
版 次 2019 年 10 月第 1 版
印 次 2019 年 10 月第 1 次印刷
开 本 787 × 960 1/16
印 张 9.25
字 数 140 千字
定 价 45.00 元

粤港澳大湾区典型城市化区域GEP探索与实践
——以深圳市罗湖区为例

编著委员会

前言

生态系统生产总值（Gross Ecosystem Product，GEP）是指生态系统为人类福祉和经济社会可持续发展提供的最终产品与服务价值的总和，包括自然生态系统为人类福祉所提供的产品和服务价值以及通过城市规划、城市管理、城市建设等方式对人居生态环境进行维护和提升所创造的生态价值。

党的十八大报告明确提出：“要把资源消耗、环境损害、生态效益纳入经济社会发展评价体系，建立体现生态文明要求的目标体系、考核办法、奖惩机制。”中共中央组织部印发的《关于改进地方党政领导班子和领导干部政绩考核工作的通知》中提出“完善政绩考核评价指标……加大资源消耗、环境保护……等指标的权重”“不能仅仅把地区生产总值及增长率作为考核评价政绩的主要指标”。中共中央、国务院出台的《中共中央　国务院关于加快推进生态文明建设的意见》中提出要完善健全政绩考核制度，把资源消耗、环境损害、生态效益等指标纳入经济社会发展综合评价体系。

2019 年 2 月 18 日，中共中央、国务院印发了《粤港澳大湾区发展规划纲要》，在第七章“推进生态文明建设”中提出要“牢固树立和践行绿水青山就是金山银山的理念，像对待生命一样对待生态环境，实行最严格的生态环境保护制度。坚持节约优先、保护优先、自然恢复为主的方针，以建设美丽湾区为引领，着力提升生态环境质量，形成节约资源和保护环境的空间格局、产业结构、生产方式、生活方式，实现绿色低碳循环发展，使大湾区天更蓝、山更绿、水更清、环境更优美。”

为深入贯彻落实我国生态文明建设精神和推动《粤港澳大湾区发展规划纲要》落地生根，需要在生态文明领域开展切实的生态保护修复和评估工作，包括生态系统价值的评估或自然资源资产价值评估。

作为粤港澳大湾区的核心区，深圳市不仅在经济、科技、文化和政策方面肩负着改革开放“排头兵”和“试验田”的历史使命，在生态文明建设领域也颇具开拓性和创新性，推动生态优势转化为发展优势，生态与经济协调发展。深圳市历届市委、市政府深入贯彻落实科学发展观，以“生态立市”为指引，积极探索生态文明建设的深圳模式。

罗湖区作为粤港澳大湾区深圳核心区的典型城市化区域，是深圳经济特区开发最早的城区，是深圳市商贸、金融、信息中心。地王大厦、深圳书城、东门、大剧院、邓小平广场、国贸、京基100、罗湖海关等大型建筑物和新老商圈均集中分布于罗湖区。同时，罗湖区拥有“一半山水一半城”的典型城市化格局。梧桐山国家级风景名胜区坐落在罗湖区；承担着对港供水功能的深圳水库也位于罗湖区。经历40年发展的罗湖区，在大湾区建设背景下，被赋予了承担城市更新、土地节约集约利用和生态文明体制机制改革的使命，这也是罗湖区这一典型城市化区域的时代命脉。

本书由叶有华博士带领的团队编著完成。早在2014年，叶有华博士带领的团队在盐田区委、区政府及盐田区环境保护和水务局的支持下启动了盐田区城市GEP的探索。本书在盐田区研究成果的基础上，基于罗湖区的实际开展探索实践，提出包含评价指标体系、价值核算体系在内的一整套适用于粤港澳大湾区典型城市化区域的GEP核算体系，为在市一级及更大尺度上开展GEP核算与实践提供重要的示范借鉴。全书共6章，第1章阐述GEP相关理论研究；第2章梳理国内外相关研究进展；第3章介绍罗湖区现状；第4章提出罗湖区 GEP 核算体系；第 5 章展示罗湖区 2015 年和 2017 年 GEP 核算结果；第 6 章对比分析核算结果并提出对策建议。

作为深圳中大环保科技创新工程中心有限公司生态文明研究系列研究成果之一，本书以粤港澳大湾区核心区深圳市罗湖区的生态系统为对象，率先探索并总结了在区级城市化区域开展 GEP 核算和应用的经验。由于各种原因，本书在研究内容方面难免存在不足，恳请广大读者批评指正。

编著者

2019 年 4 月

目录

第 1 章
生态系统生产总值（GEP）相关理论研究

1.1 GEP 研究的政策背景

1.1.1 国家层面

自 2013 年十八届三中全会召开以来，出台了《中共中央关于全面深化改革若干重大问题的决定》、《关于改进地方党政领导班子和领导干部政绩考核工作的通知》和《中共中央 国务院关于加快推进生态文明建设的意见》，推动加快生态文明建设，改变单一的 GDP 考核模式，努力促成在已有 GDP 考核基础上加大资源环境指标考核的权重，对限制开发和生态脆弱区域取消或淡化 GDP 考核。与此同时，放缓发展的速度，提升经济增长的质量，考量生态发展效益和自然资源负债。习近平生态文明思想从提出至今，不管是理论内涵还是实践探索均得到了长足发展，“绿水青山就是金山银山”（“两山理论”）、山水林田湖草生命共同体理论深入人心，绿色 GDP 的深化发展、自然资源资产负债表探索编制、GEP 评估核算、生态产品市场化、自然资源资产资本化等“两山转化”和“三资转换”工作逐步得到大家的认可。

2019 年年初，中共中央、国务院印发的《粤港澳大湾区发展规划纲要》针对以广州、深圳、香港、澳门四大核心为主的粤港澳大湾区，提出了空间规划、空间均衡和生态修复的发展要求，实现生产、生活和生态“三生空间”有机融合，建立美丽湾区。

2019年8月，《中共中央　国务院关于支持深圳建设中国特色社会主义先行示范区的意见》中提出，要“构建以绿色发展为导向的生态文明评价考核体系，探索实施生态系统服务价值核算制度。”鼓励深圳率先打造人与自然和谐共生的美丽中国典范。

1.1.2　深圳市层面

深圳市积极响应党中央的号召，早在2014年，深圳市盐田区党代会就提出“盐田区GEP核算体系探索与研究”这一主要工作，并将其列为区委、区政府重大调研课题。叶有华博士带领团队牵头开展了该课题，目的是在已有的GDP统计核算体系基础上，从生态维度建立一套与之相对应的生态评价体系，两者共同组成评估区域可持续发展的指标体系，实现经济发展和生态建设的双核算、双考核、双提升。该体系在借鉴参考国内外有关工作基础上，提出了城市GEP的概念，即在自然生态价值评估基础上，打破已有的框架，引入了城市生态系统，增加了人居环境体系，将人类的主观能动性及其对资源环境的维持改善和调节作用体现出来。

2016年3月，环境保护部下发了《关于开展环境经济核算（绿色GDP2.0）研究地方试点工作的通知》（环办政法函〔2016〕479号），确定了包括深圳市在内的6个地区作为环境经济核算试点地区，开展绿色GDP 2.0核算试点工作。深圳市人居环境委员会高度重视该项改革任务，于2016年年初启动了“深圳市环境经济核算（绿色GDP 2.0）研究项目（PLAN-2016-021001-000098）”，并选取了龙岗区和光明新区作为深圳市区级核算研究试点地区。叶有华博士带领团队参考了盐田GEP的做法，在绿色GDP核算中，既做污染破坏损失的“减法”，也做生态效益的“加法”。

2018年6月，深圳市领导在《盐田区以“城市GEP”为突破口积极探索新时代“美丽中国”建设量化路径》（市信息专报总第 3042 期）上作出批示，建议各区（新区）结合实际开展 GEP 统计核算体系的探索，为深圳建设可持续发展议程创新示范市积累经验。罗湖区积极响应国家及市领导关于开展 GEP 核算评估的号召，努力实现“和谐罗湖、效益罗湖”的战略目标。

1.1.3 罗湖区层面

罗湖区自然资源禀赋优异，在生态空间上呈现“一半山水一半城”的布局。近年来，在城区迅速建设、经济快速发展的同时，罗湖区始终将生态环境保护提升作为重点目标。2013 年，罗湖区成功创建国家生态区，在此基础上率先建立了自然资源资产核算数据库和资源环境承载力监测预警系统。为进一步推进生态文明建设，罗湖区分别于 2013 年 11 月、2014 年 12 月出台了《深圳市罗湖区生态文明建设考核制度（试行）》和《深圳市罗湖区人民政府关于加强生态文明建设的决定》，旨在将罗湖区打造为全国生态文明建设示范区。

2016 年 8 月，罗湖区根据国家生态文明建设示范区创建要求和罗湖区生态文明建设实际，编制了《深圳市罗湖区生态文明建设规划（2016—2030）》（以下简称《规划》）。《规划》提出力争在 2018 年年底前创成国家生态文明建设示范区，为全国中心城区生态文明建设发挥示范引领作用。

2012—2016 年，罗湖区在深圳市生态文明建设考核工作中的考核得分均高于全市平均水平，其中 2012 年和 2014 年获评“市生态文明建设工作优秀单位”，得到市委、市政府的充分肯定和通报表扬。

2017 年，罗湖区编制完成《罗湖区国家生态文明建设示范区创建实施方案（2017—2018 年）》《2017 年生态文明体制机制改革工作方案》并实施，建立权责清晰的生态文明建设绩效考核和责任追究体制，推动形成生态文明和经济社会协调发展的新格局。

2018 年 12 月 15 日，在生态环境部举行的第二批国家生态文明建设示范市县表彰活动中，罗湖区成功获授“国家生态文明建设示范区”的称号。

为了响应国家号召，贯彻落实市领导批示，全面估算罗湖区生态系统的生产状况与价值，罗湖区发展和改革委员会率先组织开展GEP核算研究，提出建立具有罗湖区域特色的GEP核算体系，科学评估罗湖区生态建设成效。通过GEP评估核算，不仅能在一定程度上反映罗湖区生态文明建设的成效，还能真正践行“两山”发展理念，凸显GEP对政府决策、城市发展的客观指导作用。可见，从国家层面到市级层面再到区级层面，开展GEP核算研究都具有重大的历史意义和现实意义。

1.2 GEP核算的理论基础

1.2.1 生态经济理论

近半个世纪以来，生态环境和经济发展之间的关系越发受到人们关注，人类对环境与经济发展的关系的认识，随着问题的出现和科学的发展而不断变化。

在早期，生态资源的消耗及废弃物的排放保持在生态系统的净化和承载力之内，因此人类活动产生的生态影响是很小甚至可以忽略的。几十年来，世界环境发生急剧变化，人口、资源、能源、环境和全球变化影响和制约着人类的发展，生态环境作为全球发展的限制因子越来越受到关注（尤飞等，2003）。

由于传统的经济学理论和生态学理论无法解释在经济发展过程中与生态环境保护之间的联系，因此相关学者不得不重新审视传统的经济发展模式及其与生态环境之间的相互关系，试图探索出两者能够协调发展的新道路，生态经济学在此背景下应运而生。可以说，生态经济学理论是社会生产力发展到一定程度的必然产物，是社会发展实践中生态与经济矛盾运动推动的结果（周立华，2004）。

生态经济学尽管仍旧是以人类利益为出发点，但同时强调要保持生态系统的完整性、容纳性和服务性，要贯彻以生物为中心的原则，研究重点也转向了人类长时间的生存和福利条件（尤飞等，2003）。也就是说，生态经济学在伦理观上将生态系统作为自然资本的价值和固有的存在价值结合起来。

1.2.1.1 国外生态经济学研究发展历程

国外生态经济学的研究从其产生与发展的历程来看，共经历了三个阶段（周立华，2004）。

第一阶段：萌芽期（19世纪中期至20世纪70年代）。早在1935年，英国生态学家A.G.Tansley就提出了生态系统的概念，这一重要概念的提出使得生态系统思想逐步形成，为生态经济学的产生提供了自然科学理论，也为“生态+经济”的整体系统观念形成奠定了基础（严茂超，2001）。

传统的生态学只关注生物与环境之间的关系，将人类这一重要因素排除在生态学的研究范畴之外，忽略了人类活动带来的社会经济问题也在对生态环境造成影响这一事实。随着人类活动的逐渐频繁，生态资源遭到破坏，自然环境日益深刻地受到人类活动的影响，相关学者开始将生态学研究的重点向人类社会经济活动领域拓展，实现了从自然生态系统研究向人类生态系统研究的过渡（舒惠国，2001）。20世纪20年代中期，美国科学家R.D. Mekenzie首次把生态学的概念运用到对人类群落和社会的研究上，他提出在对人类社会以及经济发展进行分析时，应该同时考虑生态的过程。1966年，美国经济学家K.E.Boulding发表了《宇宙飞船经济观》（The economics of the coming spaceship earth），认为人和自然是具有有机联系的整体系统，即人-自然系统，人类不应该在自然界面前以征服者和占有者的角色自居。这一理论的提出得到了相关领域学者的关注与认可。60年代后期，K.E.Boulding正式提出了生态经济学的概念。

第二阶段：辩论期（20世纪70年代至80年代）。这一时期关于全球资源、环境与发展方面的论著大量涌现，世界各国生态、经济、社会等相关领域学者争相发表对人类与自然，以及对世界和人类社会未来的论述与预测。虽然不同学者各持己见，但有一点各界学者都达成共识，就是人类社会正面临经济发展和生态环境之间相矛盾的问题，这一共识极大地促进了生态经济学理论的形成。

第三阶段：形成和发展期（20世纪80年代中后期至今）。20世纪80年代中后期是生态经济学形成的关键时期，1988年，国际生态经济学会（International Society for Ecological Economics，ISEE）成立。随后的1989年，《生态经济》（Ecological Economics）刊物出版发行（Turner et al.，1997）。学会的成立以及刊物的发行标志着生态经济学的正式创立。美国著名生态经济学家R.Costanza在《生态经济》（Ecological Economics）的创刊号上发表的首篇文章《什么是生态经济学》（What is Ecological Economics）中定义了生态经济学，并提出了需要研究的生态经济问题（Costanza，1989）。

生态经济价值理论也在这一时期有了突破。其实对于生态经济资源价值的相关问题，早在20世纪60年代生态经济学提出之后，就有学者开展了研究，各种价值学说不断被提出，但大多无法跳脱传统经济学的理论，只是在其基础上衍生对生态经济价值的研究。这些研究由于受到传统经济学思维的局限，而不能反映环境资源与经济的本质关系（严茂超，2001）。2000年，H.T. Odum和E.C. Odum依托能量价值学说提出了能值价值理论以及生态经济系统分析方法——能值分析，这一分析方法的提出为生态经济资源价值的研究开辟了新途径，也为生态经济学研究提供了重要的理论基础和研究方法。

在能值分析法的启示下，出现了一系列对可持续发展评价指标的研究，如绿色国内生产总值（Green Gross Domestic Product，GGDP）、可持续经济福利指数（Index of Sustainable Economic Welfare，ISEW）、真实发展指数（Genuine Progress Indicator，GPI）、生态足迹（Ecological Footprint）等。在这些指标研究的基础上，联合国统计署于1993年建立了一个新型的国民经济核算体系——综合环境经济核算体系（System of Integrated Environmental and Economic Accounting，SEEA），在原有的国民经济核算体系（System of National Accounts，SNA）中加入了环境的因素。

1997年，Costanza等13位学者率先开展了全球生态系统服务价值的估算，形成的研究成果中不仅提出了一套基于全球生态系统的服务价值评估指标体系，还定量评估了全球生态系统服务价值。该研究成果的发表，掀起了国际生态经济学研究领域对生态系统服务价值研究的热潮，为生态经济系统的研究开辟了一个新的研究领域和研究方法（周立华，2004）。

1.2.1.2 国内生态经济学研究发展历程

1980年8月，我国经济学家许涤新首先提出了进行生态经济研究和建立生态经济学科的建议。同年9月召开了生态平衡和生态经济学问题座谈会，会议主要就生态经济学的建立问题进行了讨论，这次会议标志着我国生态经济学研究的正式开启。1982年11月，全国第一次生态经济讨论会在南昌召开，会上通过了关于开展生态经济研究的建议书，同时确立了生态经济学的研究对象为生态经济系统。1984年2月，中国生态经济学会正式成立，这也是世界首个生态经济学术团体（马传栋等，1991）。1985年，姜学民等初步提出了我国生态经济学理论框架和学科体系。同年6月，我国创办了《生态经济》刊物，这是全球首份公开发行的生态经济杂志，比美国的《生态经济》(Ecological Economics）还早4年（周立华，2004）。1988年在长沙召开的第三次全国生态经济学科学讨论会以及1991年在北京召开的全国十年生态与环境经济理论回顾与发展研讨会，均进一步强调了加强生态经济学研究，促进经济、生态、社会协调发展的重要意义（马传栋等，1991）。20世纪90年代中后期至今，我国相关领域学者开始重视并广泛探讨生态和经济可持续发展问题，并逐步与国际生态经济学的研究方法接轨，开始对西方经济价值理论进行研究应用，并开展定量研究（王松霈，2000）。

国内学者对生态经济学理论的实践探索可以分为四个阶段：以金鉴明院士为代表的老一辈科学家开展生态定量评估为第一阶段，这一阶段的主要特点是尝试开展生态定量研究，尝试建立生态经济价值算法并进行估值；以欧阳志云研究员、谢高地研究员和彭少麟教授为代表的科学家开展的生态系统服务体系建立和评估研究为第二阶段，这个阶段的主要特点为生态系统服务价值评估核算体系建立和核算标准化建设；以王金南院士、欧阳志云研究员等为代表开展的生态资本核算和环境经济核算为第三阶段，这个阶段的主要特点是尝试将生态价值与经济挂钩；以王金南院士、欧阳志云研究员、叶有华研究员为代表的自然资源资产和自然资本体系建立与评估核算为第四阶段，这一阶段的主要特点是探索建立资产与资本评估核算体系，尝试将绿水青山中蕴含的生态产品转化为金山银山，实现资源-资产-资本三资转换。

从以上国内外生态经济学研究重点来看，国外从全球性问题着眼，更注重研究方法的探索，而我国则更侧重于学科理论体系研究。尽管各有侧重，但最终目的基本一致，都是要在生态经济新理论的指导下，转变传统的经济发展模式，推进循环经济和生态技术创新，实现生态经济可持续发展。

1.2.2 生态系统服务相关研究

生态系统作为生物圈的基本组织单元，其重要性不言而喻，生态系统提供的物质产品是人类赖以生存的基础，同时还对维持生命和支持整个地球环境平衡发展起着不可替代的作用（尤飞等，2003）。但是在相当长的一段时间里，人类并没有正确认识生态环境与社会发展之间的关系，将自然资源看作是取之不尽、用之不竭的，从而导致一味追求经济的发展，而不顾资源的过度消耗和环境的严重污染，这样的结果就是生态系统原有的平衡遭到破坏，全球性和区域性的环境问题日趋显现，生态系统生产的产品量急剧减少，生态系统服务功能也出现衰退现象（杨光梅等，2007）。人们逐渐意识到自然资源的稀缺性和有限性，开始重新审视自身与生态系统的关系（周杨明等，2008）。

早在19世纪中期，国外生态学领域的相关学者就开始了生态系统服务价值的研究。但是受制于当时的认识与科技水平，研究仅停留在定性描述阶段。直到20世纪60年代，“生态系统服务”概念第一次被使用，预示着对生态系统的研究进入了一个全新的、有着较完整研究体系的新阶段（谢高地等，2001）。1970年，关键环境问题研究小组（Study of Critical Environmental Problems，SCEP）在《人类对生态环境的影响》报告中首次提出了“环境服务功能”的概念，并列举了自然生态系统的环境服务功能。Holdren等（1974）将其拓展为“全球环境服务功能”，并在环境服务功能清单上增加了生态系统对土壤肥力和基因库的维持功能。随后Ehrlich等（1977）又提出了“全球生态系统公共服务功能”的概念，后来逐渐演化出“自然服务功能”（Westman，1977），最后由Ehrlich等（1981）将其确定为“生态系统服务”。

Costanza（1981）和Odum（1983）基于能量价值学说对生态价值开展评估研究的案例具有较高的借鉴意义。1997年，Costanza等13位学者基于当时国际上已发表的各类生态系统服务价值评估方法和研究结果，率先开展了全球生态系统服务价值的估算，形成的研究成果《全球生态系统服务价值和自然资本》（The value of the world’s ecosystem services and natural capital）在国际著名杂志《自然》（Nature）上发表，成果中不仅提出了一套基于全球生态系统的服务价值评估指标体系，还定量评估了全球生态系统服务价值。该研究成果的发表掀起了各国学者对生态系统服务价值研究的热潮。此后，学术界在生态系统服务价值评估方面陆续做了一些有益的尝试，逐渐形成了一套较为成熟的自然生态系统服务价值评估方法体系。国际上具有开创性和重大影响的生态系统服务评估案例中，以联合国 2001 年组织的千年生态系统评估（Millennium Ecosystem Assessment，MA）项目参与最广泛、影响最大，该项目历时 5 年，首次在全球范围内对生态系统服务及其与人类福祉之间的相互联系进行了多尺度综合评估（周杨明等，2008）。千年生态系统评估项目建立了一个可以对全球生态系统进行多尺度评估的概念性框架，其评估的生态系统服务主要包括：供给服务、调节服务、文化服务和支持服务（赵士洞等，2004）。2013 年，联合国召开第十届森林与经济发展论坛，强调了森林对经济发展的贡献，特别是森林的非货币贡献，包括非木材林业产品、生态系统服务、社会效益等效益，是货币收益的数十倍（杜梦飞，2014）。

20 世纪 90 年代之前，生态系统服务价值这一概念尚未引起国内相关领域学者的广泛关注，因此这一阶段国内有关生态系统服务价值的研究非常少。1998 年之后，受 Costanza 等学者文章的启发，我国学者开始对生态系统价值的有关理论和研究方法进行探索性研究。欧阳志云、谢高地等学者就生态系统服务的内涵及其价值评估方法进行了详细的研究与讨论，并系统性地梳理了生态系统服务的研究进展与发展趋势（文一惠等，2010；徐慧文，2013）。此后，自然生态系统服务价值的理论和评估方法得到了国内学者的广泛认识和应用，基于国内不同尺度、不同生态系统类型的生态服务价值评估开展了很多有益探索，如评价模型的应用研究以及生态系统服务理论方法与其他研究方向的融合研究（张振明等，2011）。2012 年，世界自然保护联盟（IUCN）驻华代表朱春全研究员提出把自然生态系统的生产总值（Gross Ecosystem Product，GEP），即生态系统提供的最终产品和服务价值的总和，纳入中国可持续发展的评估核算体系。该理念的提出以及项目的启动，又一次推动了国内生态系统服务价值评估研究的发展。2014 年开始，深圳市盐田区开始研究自然生态系统和人工生态系统生产总值，考虑在社会发展中通过人类活动对生态环境产生有益影响，比如改善森林覆盖率、提高绿化面积、利用森林和绿地的调节服务功能改善生态环境（叶有华，2015）。

生态系统服务功能的研究已逐渐发展为生态学、生态经济学、资源经济学的交叉前沿研究领域。近年来，国内外相关领域的学者也在不断对生态系统服务功能进行研究，从内涵与价值分类等理论探讨，到不同指标的价值评估方法比较，研究尺度大到国家、区域，小到流域、省市，还有针对不同生态系统类型的服务功能研究（桓曼曼，2001）。丰富的生态系统服务价值评估研究实践，不仅有力地推动了国际生态系统服务研究的发展，而且为我国区域生态建设与环境保护工作提供了依据。

1.2.3 环境经济核算体系

综合环境经济核算（SEEA）是国民经济核算体系（SNA）的卫星账户体系，是可持续发展经济思路下的产物，主要用于在考虑环境因素的条件下实施国民经济核算（袁勇，2003）。国际上对 SEEA 的研究开始于 20 世纪 70 年代。1993 年，联合国统计署发布了《综合环境与经济核算手册（SEEA-1993）》初稿，首次建立了与 SNA 一致的环境资源存量和资本流量的框架，并正式提出了绿色 GDP 的概念。在其后的 2003 年和 2012 年，又相继出版了 SEEA-2003 和 SEEA-2012。2011 年，联合国环境规划署组织召开了关于 SEEA 中建立生态系统账户的 3 次关键性会议，以启动全球财富核算和生态系统服务估值，在环境经济核算体系中拟定生态系统账户，为生态系统账户提供概念框架（李金华，2015）。2012 年 3 月，联合国统计委员会批准了《2012 年环境经济核算体系：中心框架》，生态系统账户被正式纳入环境经济核算框架。2013 年，联合国统计委员会又进一步采纳了“环境经济核算体系试验性生态系统核算”（欧阳志云等，2013）。

近年来，国内绿色 GDP 的研究也取得了积极的进展，在介绍引进国外环境经济核算体系概念和理论的基础上，国内学者进行了大量理论方面的研究和实践工作，提出了我国绿色GDP计算思路，构建了核算体系，并对我国绿色GDP的核算对策和措施进行了探讨（修瑞雪等，2007；李健等，2005；王金南等，2005；陈梦根，2005）。

2006年9月，国家环境保护总局和国家统计局首次发布了《中国绿色国民经济核算研究报告2004》。由于核算结果的敏感性，2007年以后，官方再未发布过绿色GDP核算报告。新环保法的实施推动了绿色GDP政策的重新启动，2015年3月，环境保护部决定重启绿色GDP核算研究，在之前的绿色GDP基础上继续创新，称为“绿色GDP 2.0”（修瑞雪等，2007）。

2018年8月，生态环境部环境规划院公布了绿色GDP核算3.0版本《2015年中国经济-生态生产总值核算研究》（王金南等，2018）。报告提出了经济-生态生产总值（Gross Economic-ecological Product，GEEP）的概念。王金南院士认为从理论层面上看，GEEP核算体系更能反映区域的可持续发展状态，可以作为技术指南提供参照和导引，以及作为地方政府政绩评价的参考指标。

1.3 GEP核算的内涵和外延

1.3.1 GEP核算内涵

GEP核算通俗地讲就是对某一被评估区域（或为自然地理单元，或为行政区域，或为生态功能区等）生态系统生产总值指标计量、数值统计和价值量的综合评估。国内外有关生态服务的研究较多，不管是采用3个指标还是4个指标，通常认为生态系统的价值包括产品价值、调节价值、维持价值和文化价值。也可分为三大类，即包括调节价值与维持价值在内的产品价值以及服务价值和文化价值。

GEP核算的内涵包括以下几个方面的内容：①用经济手段定量表达生态系统的服务价值，以货币的形式表达其量值大小；②生态系统是GEP核算的前提和基础，脱离生态系统的GEP是不存在的；③生态系统服务价值可以进行量化评价，其结果反映的是某时点的生态系统服务状况和水平；④ GEP核算评估工作包含了对生态系统产品供给的价值、调节服务的价值、维持功能的价值和文化娱乐的价值的核算；⑤生态系统是广义概念，既包括自然生态系统，也包括人居环境生态系统；⑥ GEP核算涉及山、水、林、田、湖、草、海生命共同体及与之相关联的固废、噪声等方面价值的核算；⑦ GEP核算具有明确的尺度和边界特征，不同尺度和边界下的GEP核算方法可能有差异，核算结果也可能出入较大；⑧ GEP核算结果反映的是某时点的静态值；⑨ GEP核算是对生态系统中主要生态资源类型的价值进行评估核算，不反映生态系统内所有的资源类型；⑩生态系统的GEP是变化的，伴随生态系统的动态变化而发生变化；⑪ GEP核算包括了对产品的核算，这部分价值与GDP重叠。

1.3.2 GEP核算外延

GEP核算的外延包括以下几个方面：① GEP的表达形式是多样的，货币表达只是其中的一种，它既不是唯一的，也不一定是最佳的；② GEP核算受认知能力、经济发展水平、政策制度、技术条件、人类活动的影响，影响有时由单一因素造成，有时由多因素叠加造成；③ GEP是人为主观的评估结果，GEP核算是一种评估手段，所以核算结果能够在一定程度上反映当前认知水平下的生态系统服务状况，但这种评估结果不是绝对的；④ GEP是与GDP类似的统计核算体系，能从生态纬度对生态系统进行衡量，是反映某区域发展水平的“指挥棒”之一；⑤ GEP随生态系统变化而变化，并最终达到平衡状态，

GEP 不会无上限增长，但可以通过人类干预进行调节，促使 GEP 正向变化；⑥ GEP 核算作为生态系统的评估方法之一，其核算结果是否越高越好难以判断，但可以确定的是，GEP 的各变化过程均是生态系统的有机组成，符合生态学发展规律；自然生态系统 GEP 更符合自然生态系统发展规律，城市 GEP 在遵循城市发展规律的同时，也受自然生态系统发展规律的影响；⑦ GEP 核算属于资源环境计量范畴，其结果与经济计量有明显差别，除产品价值外无法直接进入市场；⑧ GEP 核算的结果是虚拟值，对其结果的应用和管理可通过调节核算过程来实现。

1.3.3 GEP 核算的基本特征

GEP 核算的基本特征包括：①将生态系统主要的资源价值量化、货币化；②采用体系 - 指标方法形成框架；③利用直接与间接相结合的方法对价值进行核算；④本地化参数和不变价运用是 GEP 核算与比较的关键；⑤ GEP 核算结果是一个数值；⑥ GEP 核算以特定的行政单元或自然地理单元为边界进行。

第 2 章 国内外相关研究进展分析

2.1 国内外研究现状分析

2.1.1 国外生态系统服务价值核算研究

生态系统生产总值（GEP）的核算实质上就是生态系统服务价值的核算。国外从 19 世纪中期开始至今，都在不断开展生态系统服务价值定量评估的研究，评估方法主要分为以下几类：

①功能评估法。这种方法始于 20 世纪 70 年代美国 Larson 提出的湿地功能评估方法，该方法结合了水文水系、地质地貌等分类特征（Larson，1973），Maltby（2009）在此基础上进行了改进，并提出了专用于河流湿地功能评估的模型。

②能值评估法。H.T.Odum 作为能值分析法的提出者，与 E.C.Odum 和 M.Blissett 于 1987 年应用水的化学能计算了得克萨斯州灌溉水资源的能值货币价值，又于 1996 年计算了全球平均河流水的能值货币价值、全球平均海洋降水的能值货币价值、全球陆地降水的能值货币价值。Brown 等（1996）也运用能值分析法计算了雨水化学能对 1984 年泰国经济的贡献。

③支付意愿评估法。Loomis 等（2000）采用支付意愿调查评价法对美国普拉特河的水土保持、废水处理、水质净化、休闲娱乐和提供生境的服务功能

进行了综合价值评估。

④遥感分析法。该方法广泛应用于资源环境领域的评估研究工作，并取得了显著的进展，如美国得克萨斯州长时间长度内的草地变化研究（Kreuter et al.，2001）、中国生态遥感十年调查、基于 SPOT5 卫星数据的深圳市生态资源测算、长江经济带 2016—2017 年自然资源资产审计等。Konarska 等（2002）选取基于分辨度为 1 km^2 的 NOAA/AVHRR 遥感影像的 IGBP（国际地圈生物圈计划）土地利用数据集和基于分辨率为 30 m 的 Landsat TM 遥感影像的 NLCD（美国国家土地利用数据库），采用 Costanza 的参数对美国生态系统服务功能进行评估与分析。

2.1.2 国内生态系统服务价值核算研究

目前，国内相关领域的学者已开展的生态系统服务价值研究大致可归纳为三类：一是以全球或区域为对象的生态系统服务价值评估，二是以流域为研究单元的生态系统服务价值评估，三是以单一生态系统为研究对象的生态系统服务价值评估（陈志良，2009）。

2.1.2.1 以行政区域为对象的生态系统服务价值核算

以行政区域为对象估算生态资产价值一方面便于获取统计数据，保证数据的完整性与连续性，另一方面可以为绿色 GDP 核算与可持续发展提供科学依据（陈志良，2009）。陈仲新等（2000）参考 Costanza 等的参数，估算了 1994 年中国生态系统的总价值，核算结果是当年中国 GDP 的 1.73 倍。这一成果在《科学通报》发表后引起了国内学者对生态系统服务价值估算的极大关注，学者们开始尝试在国家、省、市、区（县）等不同尺度上开展研究。潘耀忠等（2004）、何浩等（2005）以我国陆地生态系统为研究对象，利用遥感技术对我国陆地生态系统生态资产价值进行遥感测量，并绘制了生态资产价值空间分布图。欧阳志云等（1999）以海南省为研究对象，初步研究了海南省生态系统有机质生产、固碳释氧等生态服务功能价值。白杨等（2017）以云南省为研究对象，分析了 2010 年云南省生态资产状况。徐俏等（2003）以广州市为研究对象，利用 GIS 平台绘制出其服务功能空间分级分布图。白玛卓嘎等（2017）以甘孜藏族自治州为研究对象，评估了甘孜藏族自治州生态系统对人们的直接贡献。高旺盛等（2003）以典型黄土高原丘陵沟壑区安塞县为研究对象，对其境内不同类型农业生态系统的服务功能进行了价值核算。熊皎等（2017）以雅安市荥经县为研究对象，对其 25 年来的生态资产总量及变化情况进行了测算。此外，我国安徽省、海南岛、湖州市、鄂尔多斯市、阿尔山市、深圳市盐田区等都开展了 GEP 的核算研究（肖寒等，2000；于德永等，2006；吴楠等，2018；叶有华等，2019）。

2.1.2.2 以流域为研究单元的生态系统服务价值核算

以流域作为研究单元进行生态系统服务价值核算，一方面保存了流域生态系统的完整性，另一方面有利于与其他区域或者流域进行比较。对流域生态资产进行评估，掌握其价值规律，可以为流域上下游开发与保护、流域生态补偿等政策的实施提供科学依据（陈志良，2009）。近年来国内学者针对流域单元开展了大量生态系统服务价值研究。高清竹等（2002）以海河流域为研究对象，利用 NOAA/AVHRR 数据，结合 Costanza 的测算方法，评估了 1989—1999 年海河流域上游农牧交错带区域土地利用的变化对该流域生态系统服务功能的损害。许中旗等（2005）以锡林河流域为研究对象，对该流域 1987—2000 年的生态系统服务功能价值变化进行了研究。周可法等（2006）以玛纳斯河流域为研究对象，对 2003 年玛纳斯河流域干旱区的生态资产进行了评估，评估结果在一定程度上揭示了生态资产根据地势和生态系统类型变化的趋势及分布特征。霍婷洁（2014）以渭河流域为研究对象，运用选择模型法对渭河流域内居民的支付意愿进行了调查分析，从而得出流域内水资源自然资本的价值。陈自娟（2016）以滇池流域为研究对象，从水环境承载力的视角，对滇池流域生态价值进行了评估，并探讨了流域生态价值与生态补偿之间的关系。

2.1.2.3 以单一生态系统为研究对象的生态系统服务价值核算

以单一生态系统为研究对象的生态系统服务价值核算有助于我们深入了解不同生态系统所具有的生态服务功能，提高保护生态系统良性运作的意识。国内许多学者对不同类型的生态系统进行了有益的探讨。侯元兆等（1995）、余新晓等（2005）以中国森林生态系统为研究对象，分别对我国森林生态系统价值进行了测算。辛琨等（2002）以湿地生态系统为研究对象，核算出辽河三角洲盘锦地区仅湿地生态系统的生态服务功能价值就为该地区国民生产总值（GDP）的 1.2 倍。欧阳志云等（2004）以水生态系统为研究对象，评估了中国东部平原地区、东北平原地区和云贵高原地区水生态系统调蓄洪水、疏通河道、水资源蓄积等生态服务功能的总价值，评估结果表明水生态系统的生态服务价值远高于其提供的直接使用价值（如供水、发电、航运、水产品生产等）。夏艳（2010）以海岸带生态系统为研究对象，综合运用生态学理论知识、RS 和 GIS 技术以及统计学方法建立了海岸带生态系统生态资产遥感定量评估模型，并对上海市海岸带生态资产进行了评估。此外，还有大量针对单一生态系统的生态服务价值研究，如水资源生态系统（王保乾等，2015）、森林生态系统（王丽，2015；韩维栋等，2000；李阳兵等，2005；苏多杰等，2008；高云峰，2005）、陆地生态系统（马国霞等，2017）、湿地生态系统（赵平等，2005）、农业生态系统（程莹莹等，2013）等。

2.2 GEP 的核算方法研究

依据生态系统与自然资本的市场发展程度，可将国际上较常使用的生态系统服务定价方法大致分为三类（张振明等，2011）。

①实际市场评估法。用于具有实际市场的生态系统产品和服务，例如粮食和木材，以其市场价格作为生态系统服务的经济价值。评价方法主要有市场价值法和费用支出法。实际市场评估法是生态系统服务价值核算中的常用方法，薛达元（2000）在对长白山自然保护区森林生态系统的功能价值进行经济评估时主要使用的就是实际市场评估法。

②替代市场评估法。用于没有直接市场交易与市场价格，但具有这些服务的替代品的市场与价格的生态服务价值的评估。通过这种方法，获得与某种生态系统服务相同的结果所需的生产费用，以此为依据间接估算生态系统服务的价值。评估方法包括替代成本法、机会成本法、恢复和防护费用法、影子工程法、旅行费用法、资产价值法或享乐价格法、疾病成本法和人力资本法、预防性支出法、有效成本法等。替代市场评估法也是生态系统服务价值核算中的常用方法，因为很多生态服务功能并不存在市场交易行为，但有具有市场价格的替代品可以达到相同功能或者功效，那么便可以使用替代品的市场价格进行替代核算。姜文来（2003）、李晶（2003）在评估森林生态系统的涵养水源功能价值时，就使用了影子工程法，以水库的单位库容工程造价替代核算森林生态系统中因为有大量植被覆盖而具有的截留、吸收和贮存降水功能的价值。

③模拟市场评估法。对没有市场交易和实际市场价格的生态系统产品和服务，只有人为地构造假想市场来衡量生态系统服务的价值。其代表性的方法是条件价值法或意愿调查法。在假想市场情况下直接询问人们对某种生态系统服务的支付意愿，以人们的支付意愿来估计生态系统服务的经济价值。模拟市场法多用于评估缺少市场交易、其价值又受主观意愿影响较大的生态系统服务

功能，如大气改善价值、自然景观的休闲游憩价值等。徐中民等（2002）、张志强等（2002）分别以黑河流域的额济纳旗和张掖市为研究对象，采用问卷调查的方式获得当地居民对生态系统服务功能的支付意愿，从而评估出研究区域生态系统退化状况和生态系统恢复成本。

2.3 GEP的核算体系研究

2.3.1 GEP相关核算体系概念

2.3.1.1 绿色GDP（1994年）

绿色GDP是在原有传统GDP核算的基础上考虑资源与环境因素，对GDP指标做某些计算调整而产生的一个新的总量指标。这一概念于1994年联合国统计委员会出版的《综合环境与经济核算手册（SEEA-1993）》中首次被提出，目的是为了弥补当时GDP对社会发展评价的不足与缺陷，更真实地反映经济社会发展水平。

绿色GDP的提出引起了国内学者的广泛重视，一些学者结合自身对绿色GDP概念的理解，衍生出了更深刻、更符合国情的绿色GDP概念。比较有代表性的是高敏雪（2004）、曹茂莲等（2014）提出的绿色GDP（可持续收入）概念，认为绿色GDP是指一个国家或地区在考虑自然资源（包括土地、森林、矿产、水等）与环境因素（包括生态环境、自然环境、人文环境等）影响之后经济活动的最终成果，即将经济活动中所付出的资源耗减成本和环境降级成本从GDP中予以扣除。

2.3.1.2 GEP（2012年）

GEP是指生态系统为人类福祉提供的产品和服务的经济价值总量。2012

年，IUCN 驻华代表朱春全研究员提出“把自然生态系统的生产总值纳入可持续发展的评估核算体系，以生态系统生产总值来评估生态状况”。这是 GEP 一词首次被提及。GEP 可以说是与 GDP 相对应，基于生态维度提出的能够衡量区域生态发展状况的评估体系。对 GEP 核算的研究应用恰好可以填补生态良好指标的空白，有助于加强生态系统的保护和可持续利用，避免过度追求 GDP 而忽视对自然环境的保护。

GEP 的概念一经提出，受到世界各国学者的广泛探讨，不少学者根据自身的实践研究和理解提出了 GEP 的不同定义。Eigenraam 等（2012）将 GEP 定义为生态系统产品与服务在生态系统之间的净流量；欧阳志云等（2013）认为 GEP 是指一定区域在一定时间内生态系统的产品与服务价值的总和，是生态系统为人类福祉提供的产品和服务及其经济价值总量。

2.3.1.3 城市 GEP（2014 年）

城市 GEP 是在自然生态系统生产总值（GEP）核算的基础上，更加突出了城市生态系统的重要性、特殊性，增加了人居环境生态系统生产总价值核算。城市 GEP 的概念是由叶有华博士首次提出的，他认为人类对资源环境保护、维持和改善具有能动作用，因此 GEP 不单只评估一个国家或区域自然生态系统为人类福祉所提供的产品和服务价值，还应该包括人类通过城市规划、城市管理、城市建设等方式对人工生态环境进行维护和提升所创造的生态价值（叶有华，2015）。与 GEP 核算相比，城市 GEP 核算更有助于认识和评价城市化进程及其生态效应，从而更加有助于校正城市化进程，实现绿色城镇化（张庆阳等，2007）。

2014 年，盐田区委托叶有华博士带领的团队在国内外自然生态系统生产总值有关研究的基础上，首次在国内建立了一套适用于城市生态系统、能够全面反映城市生态环境特征的 GEP 核算体系（叶有华等，2019）。

2.3.1.4 绿色GDP 2.0（2015年）

2015年3月，环境保护部宣布重新启动绿色GDP核算体系，称作“绿色GDP 2.0”。绿色GDP 2.0与绿色GDP相似，也是在原有传统GDP核算的基础上考虑环境的因素。与绿色GDP相比，绿色GDP 2.0版本最大的区别在于除了计算生态环境退化成本，同时还进行生态环境效益核算，即它不仅考虑经济发展过程中对生态环境造成的损耗，还考虑生态系统每年提供给人类的生态福祉和环境质量的改善效益（即类似GEP的生态系统产品供给、生态调节、文化服务这三个方面的效益）。简单来说，就是1.0版本是在GDP的数字里做“减法”，而2.0版本，则是增加了为GDP做“加法”的核算（陈叶军，2015）。

2.3.1.5 GEEP（2018年）

2018年8月，生态环境部环境规划院公布了《2015年中国经济-生态生产总值核算研究》报告，报告提出了经济-生态生产总值（GEEP）的概念，也称作绿色GDP核算3.0版本。GEEP是在国内生产总值（GDP）的基础上，扣减人类经济生产活动产生的生态环境成本，加上自然生态系统提供的生态福祉（王金南等，2018）。王金南院士认为从理论层面上看，GEEP核算体系更能反映区域的可持续发展状态，可以作为技术指南提供参照和导引，以及作为地方政府政绩评价的参考指标。

2.3.2 GEP相关核算体系分析

2.3.2.1 绿色GDP核算体系

对于绿色GDP的核算，目前最为主流的是采用联合国提出的“综合环境与经济核算体系（SEEA）”进行核算。SEEA由4个账户组成：实物型和混合型的流量账户、与环境交易相关的经济账户、以实物和价值单位测度的环境资产账户、考虑自然资本耗减退化和防御支出后对国民经济核算体系（SNA）总量进行调整的账户。其核算的最终结果就是绿色 GDP，等于传统 GDP 减去资源成本和环境成本（吕文峰，2017）。绿色 GDP 核算体系提出后，国内外学者都开展了大量有益探索，Kunanuntakij 等（2017）采用生命周期评价模型（EIO-LCA 法）为泰国构建绿色 GDP 核算模型。孙菲等（2012）提出在绿色 GDP 基础上增加“幸福 GDP”与“政府 GDP”，构建融合了绿色、政府、幸福三个核算体系的 3G-GDP 核算体系。

国内学者在核算绿色 GDP 时，主要基于成本和损害两种思路核算绿色 GDP 价值中的环境污染损失价值，所以差异主要在于对环境污染损失价值核算时具体核算的内容和采用的计量方法。金雨泽等（2014）在核算江苏省环境污染损失价值时采用治理成本法，杨丹辉等（2010）则指出基于损害的评估方法更为合理。沈晓艳等（2017）将两种方法相结合测算环境污染损失价值。孙付华等（2018）提出江苏省绿色 GDP 核算内容，基于环境成本时空追溯的环境损害成本分摊思路，构建了江苏省绿色 GDP 核算的思路体系。

2.3.2.2 绿色 GDP 2.0 核算体系

绿色 GDP 2.0 核算体系主要包括四个方面：一是开展环境成本核算，同时开展环境质量退化成本与生态环境改善效益核算，对 GDP 中涉及的生态环境成本既做“减法”，也做“加法”，全面客观反映经济活动的“环境代价”；二是环境容量核算，开展以环境容量为基础的环境承载能力研究；三是 GEP 核算，将生态系统提供的生态产品和服务价值计算出来；四是经济绿色转型政策研究，结合核算结果，就促进区域经济绿色转型、建立符合环境承载能力的发展模式，提出中长期政策建议（陈叶军，2015）。

2.3.2.3 GEP 核算体系

GEP 核算体系主要包括生态功能量和生态经济价值量两方面。生态功能量用物质产品与生态服务量表达，如粮食产量、水资源提供量、洪水调蓄量、污染净化量、土壤保持量、固碳释氧量、自然景观与人文景观吸引的旅游人数等；核算功能量的优点是直观，可以给人明确、具体的印象。但由于计量单位的不同，不同生态系统产品产量和服务量难以加总，难以获得一个地区或一个国家在一段时间内的生态系统产品与服务产出总量。因此需要借助价格将不同生态系统产品产量与服务量转化为货币单位表示产出，然后加总为 GEP（欧阳志云等，2013）。

目前 GEP 核算指标主要分为物质产品、调节服务、文化服务。物质产品主要包括农产品、渔产品、林产品、水资源量等；调节服务主要包括气候调节、土壤保持、水源涵养、水质净化、噪声消减等；文化服务主要包括景观游憩、文化旅游等。根据核算指标具体内容，物质产品的主要核算方法是市场价格法，调节服务的主要核算方法是替代成本法、防治费用法等，文化服务的主要核算方法是旅行费用法和重建成本法（刘尧等，2017）。

2.3.2.4 城市 GEP 核算体系

城市 GEP 主要包括自然生态系统和人居环境生态系统两部分的价值，其中自然生态系统价值核算主要参考 GEP 的核算指标和核算方法，人居环境生态系统价值核算则主要是核算人为参与的生态建设和环境管理所带来的人居生态环境的维护和改善等所具有的经济价值。人居环境生态系统的核算指标主要以环境要素进行分类，包括大气环境维持与改善、水环境维持与改善、土地环境维持与保护、生态环境维持与改善、声环境价值和声环境健康等（叶有华等，2019）。针对这些指标，核算方法主要有替代成本法、条件价值法、成果参照法等。

2.3.3 GEP 相关核算案例分析

相对于国外，我国在 GEP 核算方面的研究起步较晚，但是自 GEP 提出至今，我国GEP核算理论方面的研究有了长足的发展，相关领域的学者根据我国的实际情况提出了不同的GEP核算方法，并开展了大量实践探索。

目前主流的GEP核算方式有基于价格的GEP核算、基于能值的GEP核算和基于生态系统净初级生产力的GEP核算等。这些核算方法的提出都有一个共同的目的，就是为了统一生态系统服务功能的计量单位，使不同生态系统的生态服务功能可以相加，总量可以比较。

①基于价格的GEP核算。这一核算方法的提出是由于GEP核算的思路源于GDP核算、生态系统服务功能及其生态经济价值评估。所以GEP的计算引入价格，使生态产品、服务的价值量化，转变为市场经济价值，这样一来各生态系统的生态服务价值可以加总得到GEP的值，然后进行统一比较。以这种核算理论为依托，国内很多学者和地区开展了不同地区、不同领域的GEP核算。欧阳志云等（2013）以贵州省为例进行了GEP核算，选取了提供产品服务价值、调节服务价值、文化服务价值3大类17项功能指标共同构成GEP核算指标体系。曹玉昆等（2013）以黑龙江省“天保”工程投资为例进行了国有林区GEP的核算研究，对国有林区森林生态系统的环境与资源价值进行了核算。叶有华等（2015）以深圳市盐田区为例，开展了城市GEP核算体系研究项目，核算了2014年年初盐田区城市生态系统（包括自然生态系统和人居环境生态系统两部分）的价值。佛山市顺德区（欧阳志云等，2017）、河北省围场县（王建国，2016）等许多地区都相继参考该核算体系开展了GEP核算。

②基于能值的GEP核算。能值概念的提出为生态系统服务功能评估提供了一种新的量化思路，为大自然与社会中因为种类、单位等不同而不能进行统一度量、共同比较的自然生态系统与人类经济系统的产品或服务的量化分析提供了依据。国内相关领域的学者对基于能值的生态系统服务功能评估也开展了大量的实践探索，金丹等（2013）基于能值理论对徐州市的GEP进行了核算；朱玉林等（2012）运用能值理论对湖南环洞庭湖区2009年农业生态系统投入、产出进行定

量分析，计算了该区域农业生态系统所消耗的不可更新环境资源、不可更新工业辅助能的能值-货币价值，进而核算了该区域农业生态系统的绿色GDP。

在其他核算方法方面，冯宗炜等（1982）、赵同谦等（2004）、国洪飞（2011）以植被光合作用为理论基础，用国内森林生态系统的净初级生产力作为生态系统总价值核算的主要计算基础。喻露露等（2016）采用基于当量因子的生态系统服务价值评价方法，借助GIS空间分析技术，应用局部自相关模型，定量研究了海口市海岸带生态系统服务价值的时空变异特征。

根据全国GEP核算案例，本书从核算指标体系、核算方法与核算结果3个方面总结分析各GEP案例的核算特征，如表2-1所示。

表2-1　全国GEP核算研究汇总

名称	指标体系		核算方法	核算结果
	一级指标	二级指标		
陆地GEP	市场价值、非市场价值	农、渔、林3个实物指标； 气候调节、固碳释氧、文化服务等9个服务价值指标	市场价值——市场价值法； 非市场价值——替代成本法，其中病虫害防治采用防治费用法	气候调节价值最大
云南省GEP核算	直接价值、间接价值	农、林、渔、畜牧、水和水电6个实物指标； 固碳释氧、土壤保持、生物多样性、休闲游憩等8个生态服务指标	直接价值——现行市价法、收益现值法； 间接价值——重置成本法	间接价值最大，GEP是GDP的4.13倍
贵州GEP核算	产品服务价值、调节服务价值、文化服务价值	农产品、水电、薪材、水4个实物指标； 气候调节、固碳释氧、净化空气等8个调节服务指标； 休闲旅游1个文化服务指标	产品服务价值——市场价值法； 调节服务价值——替代成本法、机会成本法； 文化服务价值——旅行费用法、条件价值法	调节服务占比达69.9%，GEP是GDP的4.3倍

续表

名称	指标体系		核算方法	核算结果
	一级指标	二级指标		
四川甘孜藏族自治州GEP 核算	产品提供服务、调节服务、文化服务	农、林、牧、渔、水和水电 6 个实物指标； 水源涵养、土壤保持、防风固沙、病虫害防治等 9 个服务指标； 景观游憩 1 个文化指标	产品提供服务——市场价值法； 调节服务——影子工程法（水源涵养、洪水调蓄）、替代成本法、防治费用法、造林成本法； 文化服务——旅行费用法	调节服务价值最大，GEP 是 GDP 的 61 倍
安徽省绿色 GDP 2.0 核算	产品服务价值、调节服务价值、文化服务价值	农、林、渔、畜牧、水和水电 6 个实物指标； 水源涵养、土壤保持、洪水调蓄、病虫害控制等 8 个服务指标； 自然景观 1 个文化指标	产品服务价值——市场价值法、成本替代法、工程替代法； 调节服务价值——市场价值法、工程替代法； 文化服务价值——旅行费用法	2014 年 GEP 为 37 892.6亿元，是当年 GDP 的 1.82 倍
绿色南京 GEP 核算	释放氧气效益、固定碳效益、养分循环效益、涵养水源效益、土壤保持的效益、森林效益	—	释放氧气效益——市场价格法； 固定碳效益——市场价格法； 养分循环效益——市场价格法； 涵养水源效益——市场价格法； 土壤保持的效益——影子工程法； 森林效益——市场价格法、防治费用法	—

续表

名称	指标体系		核算方法	核算结果
	一级指标	二级指标		
徐州市 GEP 核算	生态供给价值、生态调节价值、生态文化价值、生态支持价值	可更新自然资源、农业系统的产品以及生产散失的资源和商品、经济系统集约使用的富集资源和产品、经本地使用的直接出口不可更新资源和产品 4 个实物指标； 净化生态等服务指标； 地区旅游 1 个文化指标； 地球生物圈的作用 1 个支持指标	能值分析法	—
江苏省水资源生态系统 GEP 核算	生态产品价值、生态调节功能价值、生态文化价值	供水、水力发电、内陆航运、水产品 4 个实物指标； 水体净化、河流输沙、固碳、水文调节 4 个服务指标； 水体旅游、湿地科研 2 个文化指标	生态产品价值——市场价值法； 生态调节功能价值——防治费用法、机会成本法、替代成本法； 生态文化价值——比例核算、成果参照法	2013 年的 GEP 为 5 688.88 亿元，比 GDP 多 1 704.99 亿元
福建省武夷山市绿色 GDP 核算	美感价值、涵养水源价值、净化空气、科研文化服务	—	美感价值——享受价值法； 涵养水源价值——市场价值法； 净化空气——影子工程法、替代花费法； 科研文化服务——成果参照法	绿色 GDP 的价值为 153.2 亿元，是当年地区 GDP 的 5 倍

续表

名称	指标体系		核算方法	核算结果
	一级指标	二级指标		
河北围场县 GEP 核算	科研文化服务、生态系统服务、生态文化功能	食物、木材、淡水资源 3 个实物指标； 气候调节、保持土壤、调蓄洪水、固碳释氧 4 个服务指标； 景观美学 1 个文化指标	—	2017 年围场 GDP 为 119 亿元，GEP 是 GDP 的 10 倍之多
内蒙古库布齐 GEP 核算	供给功能、调节功能、文化服务功能、支持功能	食物、燃料、能源、生物遗传资源 4 个实物指标； 气候调节、防风固沙、水质净化、空气净化 4 个服务指标； 多样性景观、多种生态系统 2 个文化指标； 初级生产、制造氧气、形成土壤 3 个支持指标	—	GEP 达到了 305.91 亿元
黑龙江国有林场 GEP 核算	生态供给功能、生态调节功能、生态支持功能、生态文化功能	林木产品、林副产品、淡水资源 3 个生态供给指标； 水源涵养、净化大气、土壤保育、固碳释氧、森林防护 5 个生态调节指标； 生物多样性 1 个生态支持指标； 森林游憩、设立美学、教育科研 3 个文化指标	生态供给功能——市场价值法； 生态调节功能——影子工程法、替代成本法、市场价值法； 生态支持功能——替代成本法； 生态文化功能——旅行费用法、替代成本法	黑龙江省在“天保”工程实施后增加的森林面积每年可以创造的生态效益总计为 77.850 8 亿元

续表

名称	指标体系		核算方法	核算结果
	一级指标	二级指标		
深圳市绿色GDP2.0	环境污染损失成本、大气环境质量改善效益、生态系统生态总值 GEP	水环境污染损失、大气污染损失、土壤污染损失、环境污染事故损失 4 个损失成本指标； 上年大气污染浓度导致的环境污染损失、核算年大气污染浓度导致的环境污染损失 2 个改善效益指标； 生态系统产品、生态调节功能量、生态文化服务量 3 个 GEP 指标	环境污染损失成本——调查统计数据、问卷统计调查、影子价格法、防护费用法、市场价值法、剂量－反应关系法，因污染造成的过早死亡修正的人力资本法，患病成本采用疾病成本法、患病失能法、机会成本法、恢复成本法； 生态系统生态总值 GEP——替代市场法、模拟市场法	2014 年深圳市 GEP 总值为 4 042.85亿元，是当年 GDP（16 001.82 亿元）的 1/4
盐田区城市 GEP 核算	自然生态系统价值、人居环境生态系统价值	生态产品、生态调节、生态文化 3 个自然指标； 大气环境维持与改善、水环境维持与改善、土壤环境维持与保护等 8 个人居环境指标	自然生态系统价值——直接市场法、替代市场法、条件价值法、成果参照法； 人居环境生态系统价值——替代工程法、防护费用法	盐田区在 GDP 增长 10% 的情况下，城市 GEP 增长 5.4%，实现了城市 GEP 与 GDP 的“双提升”
大鹏新区 GEP 核算	生态产品、生态调节、生态文化	农、林、渔、水 4 个实物指标； 土壤保持、涵养水源、净化水质、洪水调蓄等 9 个服务指标； 休闲游憩 1 个文化指标	生态产品——市场价值法； 生态调节——影子价格法、市场价值法、替代工程法、旅行费用法； 生态文化——旅行消费法、享乐价值法	生态调节服务价值占比最大

续表

名称	指标体系		核算方法	核算结果
	一级指标	二级指标		
惠州市GEP核算	总耕地生态资产价值核算、森林生态资产价值核算、湿地生态资产价值核算、矿产实物量价值核算、海洋生态资产价值核算	耕地：食物供给、原材料供给2个直接经济价值；固碳释氧、净化大气、涵养水源、调蓄洪水等7个间接经济价值； 森林：林地资源价值、生产有机物价值2个直接经济价值；固碳释氧、净化大气、涵养水源、土壤保持等8个间接经济价值； 湿地：水供给、水力发电、水产品生产3个直接经济价值；固碳释氧、污染物净化、调蓄洪水、娱乐文化等7个间接经济价值； 矿产：矿产资源1个直接经济价值； 海洋：固碳释氧、污染物净化、干扰调节、生物控制、娱乐文化5个间接经济价值	—	—
佛山市顺德区GEP核算	生态产品、生态调节、生态文化	农、林、渔、畜牧、水5个实物指标； 土壤保持、涵养水源、净化水质、洪水调蓄等7个生态调节指标； 自然景观游憩1个文化指标	生态产品——市场价值法； 生态调节——替代市场法、假想市场法； 生态文化——模拟市场法、替代市场法	调节服务价值占比最大

第3章 罗湖区现状分析

3.1 自然地理特征

3.1.1 地形地貌

罗湖区地处深圳市中南部，位于东经114°04′~114°21′、北纬22°31′~22°40′，行政区域总面积为78.75 km^2。南邻深圳河、与香港新界隔河相望，东起梧桐山伯公坳分水岭、与盐田区为界，西至红岭路中线、与福田区相连，北与龙岗区、龙华区接壤。

罗湖区地势总体走向为东北高、西南低，东部和西北部为地势陡峭的丘陵山地，有风化基岩裸露地表，地形起伏较大；中部为残丘、台地，基岩埋深一般为20～40 m；南部为地势低洼的冲击平地，地形开阔平坦；海拔高度为943 m的梧桐山坐落在辖区东部。经过多年的城市开发建设，罗湖区的地势地貌发生了巨大的变化，除东部的梧桐山和西北部银湖山体外，大部分区域已发展为城市建成区。

3.1.2 气候气象

罗湖区地处南亚热带沿海地区，属亚热带季风气候，夏无酷暑，冬无严寒，冬短夏长，常年日照充足，雨水充沛，四季怡人。多年平均气温为23 ℃；

2017 年平均气温为 22 ℃，平均最高气温为 38.5 ℃，平均最低气温为 8.3 ℃。年均日照时数为 2 060 h，年降水量 1 954.6 mm。降雨主要集中在 4—9 月，多为热带气旋（台风）降雨，雨量占全年的 84%。主导风向为东北风，其中，夏季风向多变，多为东风、东南风或西南风；冬季以东北风为主，天气较为干燥。灾害性天气主要有热带气旋（台风）、暴雨、雷暴、雷雨大风、龙卷风、干旱和低温阴雨等。

3.1.3 河流水系

罗湖区境内河流全部为雨源型河流，属深圳河流域水系。深圳河流域水系呈扇形分布，流域面积为 297.4 km^2。辖区内流域面积大于 10 km^2 的河流有深圳河、莲塘河、布吉河、沙湾河（即深圳水库排洪河）、梧桐山河。

莲塘河为深圳河上游河段，流域面积为 11.38 km^2，干流全长约 11.05 km，发源于梧桐山，途经长岭村、莲花一村、莲花二村，在三汊河口同沙湾河一起汇入深圳河。

布吉河是深圳河的一级支流，发源于深圳市北部的布吉黄竹沥，上游由水径、塘径支流在牛岭吓汇合成干流，在南门墩纳入大芬支流；中游经布吉穿草埔铁路桥后进入罗湖草埔工业区，中途有清水河、高涧河支流汇入，在泥岗桥处进入笋岗滞洪区；从滞洪区泄流至下游，进入罗湖商业区，有笔架山河、罗雨干渠支流汇入，最后在渔民村处汇入深圳河。

沙湾河是深圳河的一级支流，河道起点位于深圳水库溢洪道泄洪闸第二级消力池出口，终点至深圳河三汊河口，全长 3.86 km，主要承泄深圳水库下泄流量及沿河 8.2 km^2 区间径流。

梧桐山河发源于梧桐山北麓，流经横排岭村、坑背村、茂仔村、博雅馆、兰科中心、大望村后注入深圳水库，全流域属东深供水水系，为饮用水水源保护区。河道干流长 6.68 km，共 4 条支流汇入，总流域面积 12.3 km^2。

深圳水库、深圳河（中上游）和布吉河（中下游）是区内主要地表水体。深圳水库是东深供水工程中的主要调节水库，流域面积为 60.5 km^2，总库容为 4 465 万 m^3，承担着深港近千万居民的供水任务，是深圳最重要的水源地；深圳河是深港的界河，全长 28 km，从东向西注入深圳湾，罗湖区位于其中上游的北岸；布吉河经龙岗区布吉街道后，从北而南贯穿罗湖辖区，在罗湖桥以下汇入深圳河。

罗湖区内主要湖、库和河流的基本情况分别如表 3–1 和表 3–2 所示。

表 3–1 罗湖区主要湖、库基本情况

名称	流域面积 /km^2	总库容 / 万 m^3	正常库容 / 万 m^3
深圳水库	60.5	4 465	3 520
横沥口水库	4.60	17.20	11.20
大坑水库	2.80	30.19	22.70
小坑水库	1.19	45.20	29.70
银湖	2.45	58.95	27.10
仙湖	2.31	49.19	37.60
洪湖	42.90	250.60	—

数据来源：《深圳市罗湖区 2017 年度自然资源现状调查报告》。

表 3–2 罗湖区内主要河流基本情况

河流名称	河长 /km	流域面积 /km^2
深圳河干流	4.90	—
莲塘河（深圳河上游）	11.05	11.38
布吉河干流	6.90	30.20
沙湾河（深圳水库排洪河）	3.86	8.20
梧桐山河	6.68	12.30

数据来源：《深圳市罗湖区 2017 年度生态资源测算报告》。

3.1.4 土壤状况

罗湖区土壤以花岗岩、砂页岩发育而成的赤红壤为主，在不同海拔高度下可分别发育成山地红壤和山地黄壤。红壤主要分布在梧桐山等海拔 300 ～ 500 m 的山坡，有机质层和土层较薄，养分较低。黄壤主要分布在梧桐山海拔 600 m 以上的山地，植被覆盖度较大，土层厚度一般，养分中等。

3.1.5 动植物状况

罗湖区分布有各类野生植物 240 科、1 423 种，其中苔藓植物 42 科、86 种，蕨类植物 30 科、109 种，裸子植物 5 科、9 种，被子植物 163 科、1 219 种；根据用途对资源植物进行分类，梧桐山风景名胜区有各类资源植物 968 种，其中药用植物 359 种，油脂植物 150 种，蜜源植物 114 种，材用植物 42 种，还有大量的食用、园林绿化等资源植物，有国家一级保护植物桫椤，二级保护植物红皮油茶、大苞白山茶、野茶树，三级保护植物穗花杉、白桂木、粘木等珍稀濒危植物。

罗湖区梧桐山风景名胜区内分布有野生动物 24 目、64 科、196 种，其中鸟类 13 目、32 科、112 种，兽类 6 目、16 科、30 种，爬行类 3 目、10 科、36 种，两栖类 2 目、6 科、18 种。有国家一级保护动物蟒蛇，二级保护动物鸢、赤腹鹰、褐翅鸦鹃、穿山甲、小灵猫、水獭、三线闭壳龟、山瑞鳖、虎纹蛙等。分布在梧桐山风景名胜区内的昆虫有 106 科、411 属、537 种，其中竹节虫目和鳞翅目分别发现一新种。

3.2 社会经济发展

3.2.1 行政区划

罗湖区东接盐田区，西与福田区相连，南与香港毗邻，北与龙岗区、龙华区相连。下辖清水河、笋岗、桂园、南湖、东晓、翠竹、东门、黄贝、东湖、莲塘 10 个街道办事处，83 个社区工作站，115 个社区居委会。

3.2.2 人口

2017年年末，罗湖区常住人口为102.72万人。其中，常住户籍人口为61.33万人，常住非户籍人口为41.39万人。

3.2.3 经济发展

罗湖区依托中心城区发展优势，全面领跑全市经济发展，实现了经济增长总量和质量的“双提升”，辖区产业转型创新发展，产业结构再优化、再升级，高新技术产业迅猛发展，第三产业持续繁荣，综合经济实力稳步走强。同时财税收入大幅增长，政府投资力度不断加大，城区管理和建设成效显著，为经济的稳定发展和结构转型升级做出了重要贡献。2017年GDP为2 161.19亿元，比2015年增长（下同）25.04%。第一产业产值为0.70亿元，增长94.44%；第二产业产值为73.69亿元，下降10.23%；第三产业产值为2 086.79亿元，增长26.6%。三次产业结构为0.0∶3.4∶96.6。生产性服务业实现产值1 409.41亿元，增长22.3%，占全区GDP比重达65.2%，占第三产业产值的比重为67.5%，对全区经济增长的贡献率为62.3%；现代服务业产值为1 525.33亿元，增长29.22%，占GDP比重为70.6%，占第三产业比重为73.1%，贡献率为82.6%。金融、商贸物流、黄金珠宝和文化及相关产业四大重点产业产值为1 322.22亿元，增长15.33%，占GDP比重为61.2%，贡献率为39.8%。其中，金融业产值为764.96亿元，增长17.17%；商贸物流业产值为507.05亿元，增长13.57%；黄金珠宝业产值为58.77亿元，增长52.1%；文化及相关产业产值为87.48亿元，增长1.48%。

全年农林牧渔业产值为0.70亿元，比2015年增长94.44%。水果种植面积为1 605亩[①]，增加57.35%，产量为597 t，增加1 766%。水产品产量为

① 1亩≈666.7m^2。

5 329 t，增加 47.05%。

文化旅游产业加快发展。深圳古玩城、东深展览馆、地王大厦、儿童公园、东方神曲、东湖公园、仙湖植物园、梧桐山风景区、洪湖公园等生态旅游区，每年都吸引大量游客前往。其中，仙湖植物园荣获国家 4A 级旅游景区称号，地王大厦顶层的“地王观光 · 深港之窗”荣获国家 3A 级旅游景区称号。

3.3 环境质量现状

3.3.1 空气质量

以环境空气质量指数（AQI）计算，2017 年罗湖区环境空气有效监测天数为 364 天，AQI 范围在 21~171 之间，优 172 天，良 171 天，轻度污染 18 天，中度污染 3 天，空气质量优良率为 94.2%，同比下降 3.0 个百分点（如表 3–3 所示）。其中，洪湖子站环境空气有效监测天数为 354 天，优 174 天，良 147 天，轻度污染 28 天，中度污染 5 天，空气质量优良率为 90.7%，同比下降 1.9 个百分点；南湖子站环境空气有效监测天数为 292 天，优 130 天，良 147 天，轻度污染 13 天，中度污染 2 天，空气质量优良率为 94.9%，同比下降 2.4 个百分点。

表 3–3　2017 年罗湖区各站点环境空气质量情况

类别		洪湖	南湖	全区
空气质量类别 /d	优	174	130	172
	良	147	147	171
	轻度污染	28	13	18
	中度污染	5	2	3
	重度污染	0	0	0
有效监测天数 /d		354	292	364
优良率		90.7%	94.9%	94.2%

数据来源：《深圳市罗湖区环境质量分析报告》（2017 年度）。

2017 年，罗湖区环境空气中的 SO_2、PM_{10}、$PM_{2.5}$ 年平均质量浓度符合国家环境空气质量二级标准要求[①]（如表 3-4 所示）。根据各站点的监测结果，2017 年罗湖区环境空气中 SO_2 质量浓度在 5~20 μg/m^3 之间，平均质量浓度为 9 μg/m^3；NO_2 质量浓度在 10~98 μg/m^3 之间，平均质量浓度为 33 μg/m^3；PM_{10} 质量浓度在 11~130 μg/m^3 之间，平均质量浓度为 45 μg/m^3；O_3（8 h）质量浓度在 18~236 μg/m^3 之间；$PM_{2.5}$ 质量浓度在 6~103 μg/m^3 之间，平均质量浓度为 29 μg/m^3；CO 质量浓度在 0.5~1.7 mg/m^3 之间，平均质量浓度为 0.9 mg/m^3。

根据监测数据，各项污染物中 SO_2、PM_{10}、CO 全年日均质量浓度均符合《环境空气质量标准》（GB 3095—2012）二级标准要求，其余污染物均有少量天数超标，为 NO_2、O_3（8 h）和 $PM_{2.5}$，分别超标 2 天、14 天和 7 天（如表 3-5 所示）。

表 3-4　2017 年罗湖区环境空气浓度监测数据统计

站点名称		监测结果（CO 单位为 mg/m^3，其余污染物单位为 μg/m^3）				
		SO_2	NO_2	PM_{10}	$PM_{2.5}$	CO
洪湖子站		7	31	42	29	0.8
南湖子站		11	36	50	30	1.0
罗湖区		9	33	45	29	0.9
二级标准 GB 3095—2012	年平均	60	40	70	35	—
	日平均	150	80	150	75	4.0

表 3-5　2017 年罗湖区空气污染物超标天数　　单位：d

站点名称	监测结果					
	SO_2	NO_2	PM_{10}	CO	O_3（8 h）	$PM_{2.5}$
洪湖子站	0	4	0	0	26	5
南湖子站	0	1	0	0	7	8
罗湖区	0	2	0	0	14	7

数据来源：《深圳市罗湖区环境质量分析报告》（2017 年度）。

---

① 《环境空气质量标准》（GB 3095—2012）臭氧浓度评价标准仅有日最大 8 h 平均标准和 1 h 平均标准，CO 仅有日平均标准，均无年平均标准。

3.3.2 水环境

3.3.2.1 河流水环境

罗湖区内深圳河、布吉河、沙湾河和梧桐山河 4 条河流（8 个断面）纳入监测范围。2017 年深圳河 – 采石场 1 月进行了 1 次监测。深圳河 – 鹏兴天桥 9 月、11 月进行了 2 次监测，其他 6 个断面每月监测 1 次。监测数据显示（如表 3–6 所示）深圳河、沙湾河水质均劣于地表水 V 类标准，为重度污染河流；布吉河符合地表水 V 类标准，为中度污染河流；梧桐山河水质符合地表水Ⅳ类标准。

深圳河平均综合污染指数为 0.284，超标污染物为氨氮和总磷，超标倍数分别为 1.14 倍和 0.32 倍；与 2015 年比较，深圳河水质基本保持不变，平均综合污染指数下降 15.22%。布吉河平均综合污染指数为 0.167，与 2015 年相比，布吉河水质明显改善，全河段平均综合污染指数下降 31.28%。沙湾河平均综合污染指数为 0.302，超标污染物为氨氮和总磷，超标倍数分别为 1.33 倍和 0.24 倍；与 2015 年相比，沙湾河水质有所恶化，平均综合污染指数上升 48.04%。梧桐山河平均综合污染指数为 0.042，水质基本保持不变，与 2015 年相比，平均综合污染指数上升 5.00%。

表 3–6　2017 年罗湖区河流水质概况

河流名称	监测断面	水质类别		平均综合污染指数			主要污染指标及浓度超标倍数
		本期	2015 年同期	本期	2015 年同期	变化幅度 / %	
深圳河	径肚	Ⅱ	Ⅱ	0.036	0.050	–28	—
	鹏兴天桥	V	Ⅱ	0.118	0.069	71.01	—
	采石场	劣 V	劣 V	0.176	0.274	–35.77	总磷（0.31）
	罗湖桥	劣 V	劣 V	0.460	0.583	–21.10	氨氮（2.98）、总磷（1.13）
	鹿丹村	劣 V	劣 V	0.458	0.774	–40.83	氨氮（2.97）、总磷（0.94）

续表

河流名称	监测断面	水质类别		平均综合污染指数			主要污染指标及浓度超标倍数
		本期	2015年同期	本期	2015年同期	变化幅度/%	
深圳河	砖码头*	劣Ⅴ	劣Ⅴ	0.399	0.722	-44.74	氨氮（2.56）、总磷（0.72）
	河口*	劣Ⅴ	劣Ⅴ	0.339	0.515	-34.17	氨氮（1.64）、总磷（0.26）
	全河段	劣Ⅴ	劣Ⅴ	0.284	0.335	-15.22	氨氮（1.14）、总磷（0.32）
布吉河	草埔*	Ⅴ	劣Ⅴ	0.203	0.255	-20.39	—
	人民桥	Ⅴ	劣Ⅴ	0.130	0.242	-46.28	—
	全河段	Ⅴ	劣Ⅴ	0.167	0.243	-31.28	—
沙湾河	河口	劣Ⅴ	劣Ⅴ	0.302	0.204	48.04	氨氮（1.33）、总磷（0.24）
梧桐山河	入库口	Ⅳ	Ⅱ	0.042	0.04	5.00	—

注：* 深圳河砖码头断面和河口断面位于福田区；草埔断面位于龙岗区。
数据来源：《深圳市罗湖区环境质量分析报告》(2017 年度)。

根据 2016 年 1 月 20 日深圳市治水提质指挥部公布的黑臭河流清单，罗湖区建成区黑臭河流有 2 条，均为轻度黑臭。深圳河（罗湖段）1—11 月均为轻度黑臭河流，12 月为非黑臭河流，布吉河（罗湖段）2 月、6 月、8 月、9 月、10 月、11 月、12 月为非黑臭河流（如表 3–7 所示）。

表 3–7　2017 年罗湖区黑臭河情况

所属流域	河流名称	长度/km	时间	评价指标				
				溶解氧/（mg/L）	氨氮/（mg/L）	透明度/cm	氧化还原电位/mV	黑臭级别
深圳河流域	深圳河（罗湖段）	4.9	1 月	0.76	9.19	17.5	453.5	轻度黑臭
			2 月	3.40	5.38	22.5	590.0	轻度黑臭
			3 月	1.08	12.26	30.0	294.5	轻度黑臭
			4 月	1.58	8.64	47.5	260.5	轻度黑臭
			5 月	1.50	9.43	27.5	144.0	轻度黑臭
			6 月	1.36	8.38	22.5	279.5	轻度黑臭

续表

所属流域	河流名称	长度/km	时间	评价指标				
				溶解氧/（mg/L）	氨氮/（mg/L）	透明度/cm	氧化还原电位/mV	黑臭级别
深圳河流域	深圳河（罗湖段）	4.9	7月	0.70	5.76	30.0	276.0	轻度黑臭
			8月	0.68	7.74	17.0	183.5	轻度黑臭
			9月	0.80	6.30	32.5	254.0	轻度黑臭
			10月	3.18	8.06	20.0	303.0	轻度黑臭
			11月	0.87	7.71	18.0	279.0	轻度黑臭
			12月	2.75	3.57	30.0	408.0	非黑臭
	布吉河（罗湖段）	6.9	1月	4.35	1.00	20.0	530.0	轻度黑臭
			2月	8.74	0.16	30.0	586.0	非黑臭
			3月	6.23	0.42	20.0	356.0	轻度黑臭
			4月	6.72	0.93	15.0	372.0	轻度黑臭
			5月	6.03	1.08	20.0	226.0	轻度黑臭
			6月	6.77	0.18	30.0	298.0	非黑臭
			7月	3.18	1.33	25.0	498.0	轻度黑臭
			8月	6.81	0.16	＞30.0	366.0	非黑臭
			9月	3.90	1.75	＞30.0	324.0	非黑臭
			10月	7.12	0.10	＞25.0	380.0	非黑臭
			11月	7.03	0.19	＞30.0	350.0	非黑臭
			12月	7.48	0.50	＞35.0	394.0	非黑臭
黑臭水体评价标准				0.2~2	8~15	10~25	-200~50	轻度黑臭
				＜0.2	＞15	＜10	＜-200	重度黑臭

数据来源：《深圳市罗湖区环境质量分析报告》（2017年度）。

3.3.2.2 饮用水水源

罗湖区纳入监测的饮用水水源为深圳水库，正常蓄水位为27.60 m，正常库容为3 520万m^3，总库容为4 465万m^3，坝顶高31.5 m，流域面积为60.5 km^2。

2017年，深圳水库水质符合地表水II类标准，水质状况为优，平均综合污染指数为 0.111，与 2015 年相比上升 4.72%；营养状态等级为中营养状态，与 2015 年相同（如表 3–8 所示）。

表 3–8　2015 年和 2017 年罗湖区饮用水水源水质同比变化情况

水库名称	水质状况		平均综合污染指数			营养状态等级	
	本期	2015 年同期	本期	2015 年同期	变化幅度 / %	本期	2015 年同期
深圳水库	Ⅱ类	Ⅱ类	0.111	0.106	4.72	中营养	中营养

数据来源：《深圳市罗湖区环境质量分析报告》(2015 年度和 2017 年度)。

3.3.3　声环境

3.3.3.1　功能区噪声

罗湖区境内 2 个功能区噪声监测点位为银湖中心和鹏兴花园一期，分别位于 1 类功能区和 2 类功能区内。2015 年和 2017 年功能区噪声监测数据结果表明：2015 年，银湖中心监测点第二季度昼间、夜间均未达到功能区标准，第三季度夜间未达到功能区标准，其他时间均达标；鹏兴花园一期监测点四个季度昼间、夜间均达到功能区标准。2017 年，银湖中心监测点和鹏兴花园一期监测点第二季度夜间未达到功能区标准，其他时间两监测站点均达标（如表 3-9 所示）。

表 3–9　2015 年和 2017 年罗湖区功能区噪声监测点位达标情况

单位：dB（A）

功能区类别	2015 年				2017 年			
	银湖中心（1 类）		鹏兴花园一期（2 类）		银湖中心（1 类）		鹏兴花园一期（2 类）	
	昼间	夜间	昼间	夜间	昼间	夜间	昼间	夜间
第一季度	49.9	41.4	54.6	45.3	48.2	43.6	56.1	44.1
第二季度	57.4	52.2	56.5	49.1	52.9	47.4	56.2	52.4

续表

功能区类别	2015 年				2017 年			
	银湖中心（1 类）		鹏兴花园一期（2 类）		银湖中心（1 类）		鹏兴花园一期（2 类）	
	昼间	夜间	昼间	夜间	昼间	夜间	昼间	夜间
第三季度	49.4	45.5	55.9	48.6	46.6	44.6	54.7	49.5
第四季度	48.2	42.1	56.2	45.9	44.3	39	57.3	49.3
功能区噪声限值	55	45	60	50	55	45	60	50
达标率 %	75	50	100	100	100	75	100	75

数据来源：《深圳市罗湖区环境质量分析报告》(2015 年度和 2017 年度)。

3.3.3.2 区域噪声

按照深圳市集中连片建成区内 1 800 m × 1 800 m 网格噪声监测布设方案，罗湖区区域环境噪声监测点位共有 12 个，声级覆盖面积 38.88 km^2，包含 1 个 1 类标准适用区域、9 个 2 类标准适用区域以及 2 个 3 类标准适用区域（如表 3-10 所示）。2015 年和 2017 年全区区域环境噪声平均值分别为 53.5 dB（A）和 55.1 dB（A），均处于轻度污染水平，各监测点噪声值见表 3-11 所示。

表 3–10　2015 年和 2017 年罗湖区暴露在不同等效声级下的监测点统计

声环境功能区类别	环境噪声限值 / dB（A）		监测点个数	平均噪声值 / dB（A）		监测网格面积 /km^2	占比 /%
	昼间	夜间		2015 年	2017 年		
0 类	50	40	0	—	—	0	0.0
1 类	55	45	1	50.6	48.1	3.24	8.3
2 类	60	50	9	56.7	55.5	29.16	75.0
3 类	65	55	2	60.2	56.6	6.48	16.7
4 类	70	60	0	—	—	0	0.0

表 3-11　2015 年和 2017 年罗湖区区域噪声各监测点位监测值

单位：dB（A）

序号	位置	代码	类别	2015 年	2017 年
1	合正锦园	1001	2	54.1	52.2
2	鹏兴花园	1002	2	54.9	52.8
3	东湖公园	1003	2	47.4	50.4
4	熙龙山庄	1004	2	55.6	52.4
5	松泉公寓	1005	2	50.5	52.6
6	中南小区	1006	2	49.6	60.3
7	外贸轻工大院	1007	2	54.8	55.3
8	金运达物流仓库	1008	3	63.4	59.4
9	庆云花园	1009	3	52.4	53.7
10	果园西	1010	2	54.6	68.2
11	渔民村	1011	2	57.7	55.7
12	银湖旅游中心	1012	1	47.4	48.1

数据来源：《深圳市罗湖区环境质量分析报告》（2015 年度和 2017 年度）。

3.3.3.3　交通噪声

罗湖区道路交通噪声监测点位共 22 个。2015 年和 2017 年道路交通噪声平均值分别为 69.2 dB（A）和 72.2 dB（A），2015 年 12 个监测点所在道路交通噪声超过 70 dB（A），2017 年增至 17 个（如表 3-12 所示），质量等级均为轻度污染。

表 3-12　2017 年罗湖区道路交通噪声各监测点位监测值

序号	测点名称	路段长度 /m	车流量 /（辆 /h）		2017 年交通噪声 /dB（A）
			大型车	小型车	
1	布心路	2 217	465	6 624	71.2
2	爱国路	2 744	42	1 395	70.4
3	沿河北路	2 310	738	8 994	75.2

续表

序号	测点名称	路段长度/m	车流量/（辆/h）		2017年交通噪声/dB（A）
			大型车	小型车	
4	沿河南路	2 639	453	7 692	76.7
5	怡景路	1 090	207	1 998	68.0
6	翠竹南路	1 916	195	1 395	69.2
7	文锦北路	3 150	417	6 660	76.7
8	东门路	5 320	225	1 845	72.6
9	深南东路	3 802	267	2 067	73.7
10	笋岗东路	2 080	327	4 107	74.0
11	泥岗东路	1 949	912	8 406	74.6
12	嘉宾路	1 700	168	1 578	74.1
13	春风路	2 141	189	711	66.5
14	人民路	2 500	30	1 638	70.0
15	和平路	1 443	189	2 061	71.9
16	建设路	1 144	162	2 859	71.4
17	太白路	2 400	117	1 008	70.5
18	宝安路	3 787	102	1 398	70.1
19	红岭中路	1 540	150	1 554	72.0
20	罗沙路	8 400	342	8 118	77.3
21	延芳路	4 700	54	324	69.4
22	红岭北路	1 300	168	2 220	73.4

数据来源：《深圳市罗湖区环境质量分析报告》（2017年度）。

3.3.4 生态资源现状

根据2015年和2017年的《罗湖区生态资源状况分析》，罗湖区生态资源用地主要包括林地、城市绿地、农用地、水域和湿地。2015年和2017年罗湖区生态资源用地的覆盖面积分别为4 850.65 hm^2和4 780.07 hm^2。2015年和

2017 年罗湖区各类土地覆盖面积如表 3–13 所示。

表 3–13　2015 年和 2017 年罗湖区各类生态资源面积　　单位：hm^2

年份	林地	城市绿地	农用地	水域	湿地	建设用地	裸土地
2015	3 842.58	504.81	16.79	482.31	4.16	3 003.42	191.64
2017	3 750.94	520.51	15.64	490.76	2.22	2 884.04	209.1

3.3.4.1　林地资源现状

2017 年林地面积为 3 750.94 hm^2。2008—2017 年，罗湖区林地面积整体呈下降趋势，由 2008 年的 4 013 hm^2 减少到 2017 年的 3 750.94 hm^2（如图 3–1 所示）。

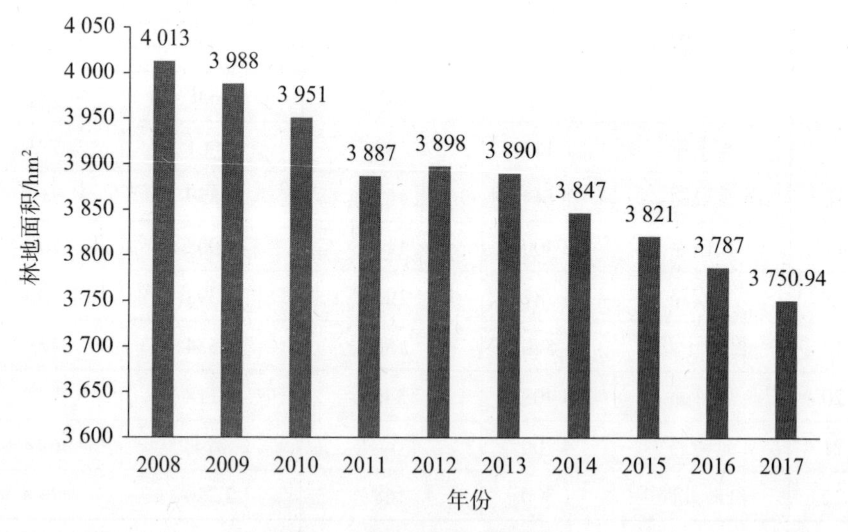

图 3–1　罗湖区林地面积变化

3.3.4.2　城市绿地资源现状

2017 年城市绿地面积为 520.51 hm^2。2008—2017 年，罗湖区城市绿地面积总体呈现波动增长状态，由 2008 年的 452 hm^2 增加至 2017 年的 520.51 hm^2（如图 3–2 所示）。

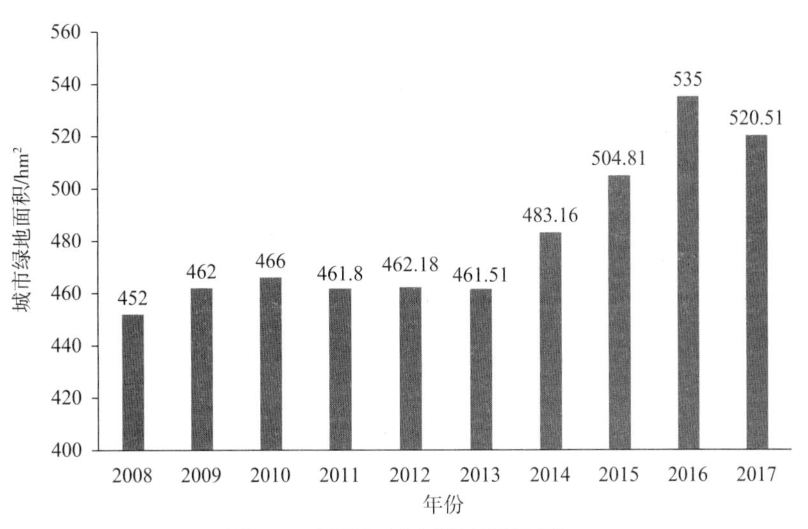

图 3-2　罗湖区城市绿地面积变化

3.3.4.3　水域资源现状

2017 年水域面积为 490.76 hm^2。2008—2017 年，罗湖区水域面积整体呈波动上升趋势。由 2008 年的 476 hm^2 增加至 2017 年的 490.76 hm^2（如图 3-3 所示）。

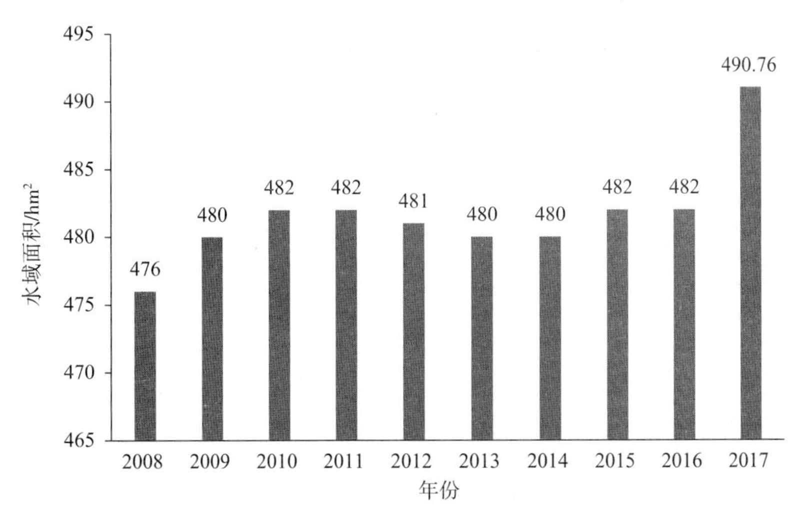

图 3-3　罗湖区水域面积变化

3.3.4.4 湿地资源现状

2017 年湿地面积为 2.22 hm²。2013—2017 年，罗湖区湿地面积总体变化幅度较大，由 2013 年的 12 hm² 减少至 2017 年的 2.22 hm²（如图 3–4 所示）。

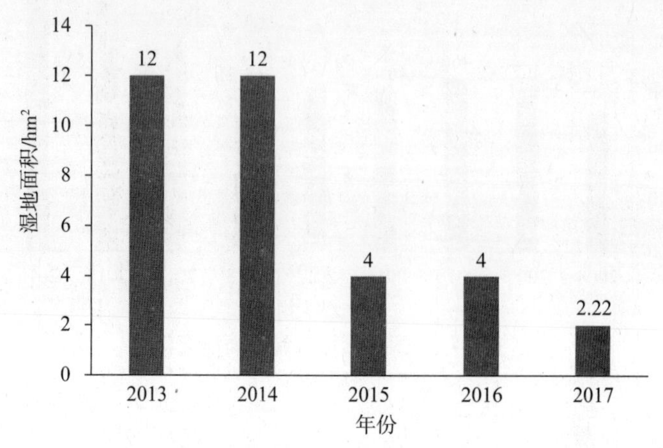

图 3–4 罗湖区湿地面积变化

3.3.4.5 农用地资源现状

2017 年农用地面积为 15.64 hm²。2008—2017 年，罗湖区农用地面积整体先下降后上升，由 2008 年的 17 hm² 减少至 2017 年的 15.64 hm²（如图 3–5 所示）。

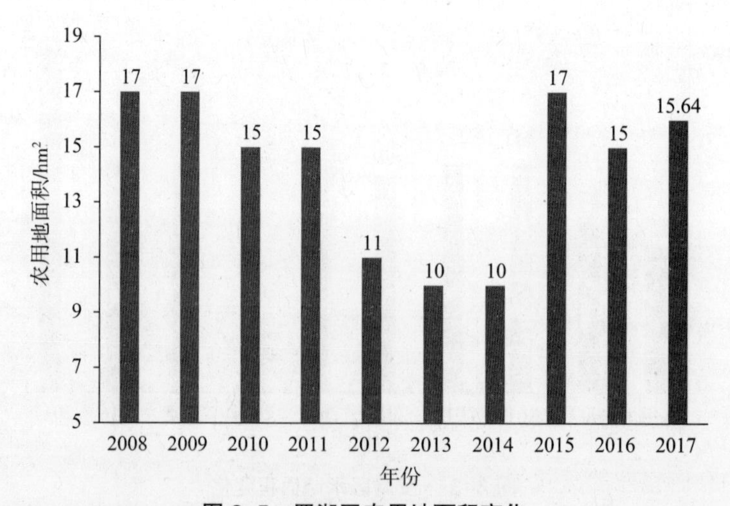

图 3–5 罗湖区农用地面积变化

3.3.4.6 建设用地现状

2017 年建设用地面积为 2 884 hm^2。2008—2017 年，罗湖区建设用地面积呈波动变化状态，由 2008 年的 2 715 hm^2 增加至 2017 年的 2 884 hm^2（如图 3–6 所示）。

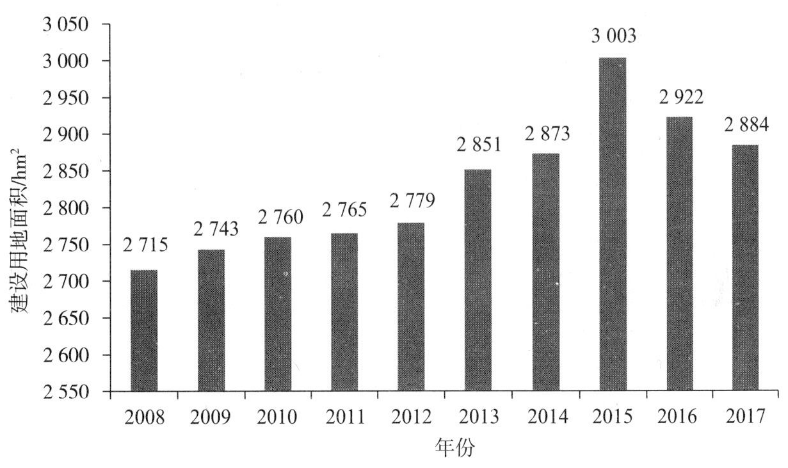

图 3–6 罗湖区建设用地面积变化

3.3.5 小结

罗湖区自然生态禀赋优越，生态文明建设成效明显，但仍面临着承载能力有限、治理任务艰巨、生态文化滞后等客观现实。如林地、湿地作为生态服务功能的重要供给者，其面积正在逐年减少；区内主要河流地表水大部分仍是劣Ⅴ类黑臭水体。生态建设与生态资源保护已经成为需要优先着手解决的紧迫性和必要性问题，因此需要通过核算 GEP 来实现对罗湖区生态系统保护管理情况的考核。开展 GEP 核算研究不仅能科学衡量罗湖区生态建设成果，而且能真正践行“绿水青山就是金山银山”的发展理念，优化自然资源与生态环境管理模式，充分发挥 GEP 对政府决策、城市发展的客观指导作用，将罗湖区建设成为宜居宜业的美丽生态城区。

第 4 章
罗湖区 GEP 核算体系

罗湖区 GEP 核算指标体系的构建参考了国内有关的文献资料，尤其是参考、引用了欧阳志云等（2013）的研究成果和叶有华等早期的研究成果（叶有华，2015；叶有华等，2019），并结合罗湖区的实际，紧扣粤港澳大湾区城市群的发展方向，进行了创新实践。

4.1 罗湖区 GEP 核算指标体系构建原则

4.1.1 规范性引用文件

本书引用了下列文件或其中的条款。凡是注日期的引用文件，仅注日期的版本适用于本书，凡是不注日期的引用文件，其最新版本（包括所有的修改单）适用于本书。

①《中共中央关于全面深化改革若干重大问题的决定》(2013 年)；

②《生态文明体制改革总体方案》(2015 年)；

③《生态文明建设目标评价考核办法》(2016 年)；

④《深圳市生态文明建设考核制度（试行）》(2013 年)；

⑤《中共深圳市委　深圳市人民政府关于推进生态文明、建设美丽深圳的决定》及其实施方案（2014 年)；

⑥《盐田区以“城市 GEP”为突破口积极探索“美丽中国”建设的量化路径（市信息专报总第 3042 期，2018 年）

⑦《2012 年环境经济核算体系：中心框架》（2012 年）；

⑧《地表水环境质量标准》（GB 3838—2002）；

⑨《森林生态系统服务功能评估规范》（LY/T 1721—2008）；

⑩《环境空气质量标准》（GB 3095—2012）；

⑪《自然资源（森林）资产评价技术规范》（LY/T 2735—2016）；

⑫《盐田区城市生态系统生产总值（GEP）核算技术规范》（SZDB/Z 342—2018）；

⑬《深圳市生态资源测算技术规范（试行）》（2009 年）。

4.1.2 核算指标体系构建原则

罗湖区 GEP 核算指标体系构建需遵循以下原则。

4.1.2.1 生态优先原则

GEP 核算体系是从生态维度提出的一套反映地区可持续发展水平的量化指标体系。指标设计应体现资源环境有价、“绿水青山就是金山银山”的生态文明理念。指标筛选及核算模型构建反映了被核算区域的生态、节能、资源保护、维持和改善情况。

4.1.2.2 科学性原则

罗湖区 GEP 核算选取的指标应全面表征罗湖区生态系统类型、特征及其生态发展水平和发展方向，所选取的各指标需要有明确的内涵界定，并具备科学依据，能为罗湖可持续发展提供技术支撑。

4.1.2.3 整体性原则

罗湖区 GEP 核算体系要体现罗湖区生态系统的主要组成要素，体现山水林田湖草生命共同体的系统性思维，兼顾自然环境和人居环境两大系统。因此，核算指标必须能反映区域功能的特性，而且要兼顾自然系统与社会经济系统的整体性和协调性。

4.1.2.4 简明性原则

在不影响生态系统功能完整性的前提下尽可能精简指标，表述清晰，做到指标不重叠、功能不重复、核算不交叉。

4.1.2.5 可操作性原则

核算指标的设置应通俗易懂、易于操作，尽量选取可通过空间高分辨率影像数据、遥感影像解译或实际勘测获得数据的指标。

4.2 罗湖区 GEP 核算指标体系构建

4.2.1 术语与定义

下列术语与定义适用于本书。

生态系统 ecosystem

地球表面生物及其环境通过能流、物流、信息流形成的功能整体。生态系统包括森林生态系统、草地生态系统、湿地生态系统、荒漠生态系统、农田生态系统、城市生态系统等类型。

生态系统服务 ecosystem services

人类从生态系统中得到的惠益，包括自然生态系统中物质产品供给、调节服务、文化服务以及人居环境生态系统中大气环境维持与改善、水环境维持与改善、土壤环境维持与改善、生态环境维持与改善、声环境服务、合理处置固废、节能减排、土地节约集约利用和环境健康。

物质产品 material product

人类从生态系统获取的能够在市场交易的产品，可以满足人类生活、生产与发展的物质需求，包括农业、林业、渔业、淡水资源等产品。

调节服务 adjustment service

生态系统提供改善人类生存与生活环境的惠益，如土壤保持、水源涵养、面源污染控制、径流调节、洪水调蓄、固碳释氧、大气净化、气候调节等。

土壤保持 soil retention

生态系统（如森林、草地等）通过林冠层、枯落物、根系等各个层次保护土壤、消减降雨侵蚀力，增加土壤抗蚀性，减少土壤流失，保持土壤的功能。

水源涵养 water conservation

生态系统通过拦截滞蓄降水，增强土壤下渗、蓄积，涵养土壤水分、调节暴雨径流和补充地下水，增加可利用水资源的功能。

径流调节 runoff regulation

城市绿地、水体等生态空间通过下渗、蒸腾等方式，调节降雨径流，从而提供的降低人工雨洪管网压力、缓解城市内涝等的服务。

面源污染控制 non-point source pollution control

城市绿地、水体等生态空间通过下渗、蒸腾等方式调节降雨径流，从而提供的减少降雨径流所带来的面源污染的服务。

洪水调蓄 flood regulation

自然生态系统所特有的生态结构能够吸纳大量的降水和过境水，蓄积洪峰水量，削减并滞后洪峰，以缓解汛期洪峰造成的威胁和损失的功能。

固碳释氧 carbon fixation and oxygen release

固碳功能是指自然生态系统吸收大气中的二氧化碳（CO_2）合成有机质，

将碳固定在植物或土壤中的功能。生态系统的释氧功能指植物在光合作用过程中释放出氧气（O_2）的功能。

大气净化 atmosphere environmental purification

生态系统吸收、过滤、阻隔和分解大气污染物（如SO_2、NO_x、粉尘等），净化空气污染物，改善大气环境的功能。

噪声消减 noise reduction

生态系统（如森林、灌丛、草地等）通过植物反射和吸收声波的能量，起到的消减交通噪声的功能。

气候调节 climate adjustment

生态系统通过植被蒸腾作用、水面蒸发过程吸收太阳能，降低气温、增加空气湿度，改善人居环境舒适程度的生态功能。

生物多样性维持 maintenance of biodiversity

生态系统通过提供生物生存所需的物质及良好的栖息环境，提供生态演替与生物进化所需的丰富物种和遗传资源的生态功能。

病虫害防控 pest control

生态系统通过提高物种多样性水平，增加天敌而降低植食性昆虫的种群数量，达到病虫害防控而产生的生态效应。

文化服务 cultural service

人类通过精神感受、知识获取、休闲娱乐和景观美学体验从生态系统中获得的非物质惠益。

休闲娱乐 leisure and entertainment

生态系统为人类提供休闲和娱乐的场所，使人消除疲劳、愉悦身心、有益健康的功能。

景观美学 landscape aesthetics

自然或人工生态景观的存在对周围环境、周边居住人群的生活产生的正面的积极影响。

大气环境维持与改善 maintenance and improvement of atmospheric environment

有意识地保护大气资源并使其得到合理利用，使其长期处于一种良好的状态，防止其受到污染和破坏。

水环境维持与改善 maintenance and improvement of water environment

按照可持续发展战略和系统科学思想，实施生产过程控制和末端治理相结合、开发与保护相结合的管理模式，对水环境实施综合整治，使水环境维持在较好状态。

土壤环境维持与改善 maintenance and improvement of soil environment

从土壤污染修复治理成本的角度考虑，维持土地环境质量在一定状态。

生态环境维持与改善 maintenance and improvement of ecological environment

生态环境广义上是指由生物群落及非生物自然因素组成的各种生态系统所构成的整体，本书从生态环境建设和生物资源恢复的角度出发，研究生态环境的价值。

声环境服务 acoustic environmental services

声环境为人提供的舒适性服务。

合理处置固废 reasonable disposal of solid waste

有效管理城市固体废物的排放与处理，减少由固废处置不当引起的水源污染、土壤污染和生态环境破坏，在源头上减少固废的排放，对固废采取合适的处理处置措施，将固废转化为可循环、可补充的再生资源。

节能减排 energy conservation and emissions reduction

节能减排主要体现在城市中降低能源消耗、水资源消耗和污染物减排的三方面举措。降低能源消耗和水资源消耗是指使用清洁能源和节能节水设备来替代原有的高污染、高消耗生活、生产设备。污染物减排是指采取措施，淘汰高污染、低效能的落后企业和工厂，使污染物排放减少。

土地节约集约利用 land saving and intensive use

通过规模引导、布局优化、标准控制、市场配置、盘活利用等手段，达到节约土地、减量用地、提升用地强度、促进低效废弃地再利用、优化土地利用结构和布局、提高土地利用效率的各项行为与活动。

环境健康 environmental health

由于城市大气、饮用水等环境质量改善，生活在该环境中的人群身心健康程度得以提高的表现。

功能量 function quantity

生态系统产品与服务的物理量，如土壤保持量、洪水调蓄量、固碳释氧量等。

价值量 value

生态系统产品与服务的货币价值。

4.2.2 核算指标体系构建思路

以生态经济学理论为基础，结合罗湖区经济、社会、自然环境状况，借鉴国内外生态系统服务功能价值与环境质量价值量化相关研究和 GEP 核算案例研究，构建罗湖区 GEP 核算指标体系。

结合罗湖区“一半山水一半城”的城市布局，从自然环境和人居环境两大生态系统进行核算指标设置。

自然生态系统能够为人类福祉提供产品和服务：

①生态系统产品指标根据罗湖区实际确定提供产品类型，除了包括林业产品、渔业产品等可直接利用的物质产品指标外，也将有罗湖特色的深圳水库对港供水价值纳入考虑；

②生态系统服务包括调节服务和文化服务两方面。其中，调节服务功能

从罗湖区的气、土、水、声等方面进行核算指标设置，设置了土壤保持、大气净化等指标来反映自然生态系统调节服务功能的价值；文化服务功能则是考虑罗湖区内自然景观（如仙湖植物园、梧桐山风景名胜区等）所具有的观赏价值和休闲游憩价值进行指标设置。

在设置人居环境生态系统核算指标时主要考虑人类活动（如城市规划、城市管理、城市建设等）对罗湖城区内气、土、水、声等人居环境带来的维护和改善价值，设置了大气环境维持与改善、水环境维持与改善等核算指标，同时将罗湖区老城旧改这一实际纳入考虑，设置了城市更新过程中土地节约集约利用和节能减排等指标。

4.2.3 指标体系框架

经研究，罗湖区 GEP 核算指标共包括 2 个一级指标、12 个二级指标、31 个三级指标（如表 4–1 所示）。

表 4–1　罗湖区 GEP 核算指标体系

<table>
<tr><th>序号</th><th>一级指标</th><th>二级指标</th><th>三级指标</th><th>核算指标</th></tr>
<tr><td>1</td><td rowspan="10">自然生态系统价值</td><td rowspan="7">物质产品</td><td rowspan="4">林业产品</td><td>普通成年树木</td></tr>
<tr><td>2</td><td>水果</td></tr>
<tr><td>3</td><td>苗木</td></tr>
<tr><td>4</td><td>古树名木</td></tr>
<tr><td>5</td><td>渔业产品</td><td>水产品</td></tr>
<tr><td>6</td><td rowspan="2">淡水资源</td><td>深圳水库对外输出水量</td></tr>
<tr><td>7</td><td>水资源存量（深圳水库对外输出水量除外）</td></tr>
<tr><td>8</td><td rowspan="3">调节服务</td><td rowspan="2">土壤保持</td><td>保持土壤肥力</td></tr>
<tr><td>9</td><td>减轻泥沙淤积</td></tr>
<tr><td>10</td><td>水源涵养</td><td>调节水量</td></tr>
</table>

续表

序号	一级指标	二级指标	三级指标	核算指标
11	自然生态系统价值	调节服务	面源污染控制	控制COD
12				控制TN
13				控制TP
14				控制SS
15			径流调节	径流调节量
16			洪水调蓄	湖泊调蓄
17				水库调蓄
18			固碳释氧	固碳
19				释氧
20			大气净化	净化SO_2
21				净化NO_x
22				降尘
23			噪声消减	噪声消减量
24			气候调节	植物蒸腾
25				水面蒸发
26			生物多样性维持	野生动植物保护
27			病虫害防控	病虫害控制功能
28		文化服务	休闲娱乐	旅游价值
29			景观美学	景观美学价值
30	人居环境生态系统价值	大气环境维持与改善	大气环境维持	大气环境质量价值
31			大气环境改善	空气优良天数
32		水环境维持与改善	水环境维持	水环境质量价值
33			水环境改善	水污染量改善
34				
35		土壤环境维持与保护	土壤环境维持与保护	土壤环境质量价值
36				
37		生态环境维持与改善	生态环境维持与改善	裸土地复绿价值
38				造林价值

续表

序号	一级指标	二级指标	三级指标	核算指标
39	人居环境生态系统价值	声环境	声环境服务	声环境总价值
40				噪声污染损失价值
41		合理处置固废	固废处理	工业固废处理量
42				城市生活垃圾处理量
43				餐厨垃圾处理量
44			固废减量	工业固废减量
45				城市生活垃圾减量
46				餐厨垃圾减量
47			固废资源化利用	工业固废回收再利用价值
48				生活垃圾回收再利用价值
49				餐厨垃圾回收再利用价值
50		节能减排	降低能源消耗	能源使用总量
51			降低水资源消耗	用水总量
52			污染物减排	大气污染物减排量
53		土地节约集约利用	城市更新土地节约集约利用	城市更新的土地节约集约面积
54		环境健康	给人类健康造成的经济损失	发病造成的损失
55				死亡造成的损失

4.2.3.1 自然生态系统价值核算指标

自然生态系统价值包括物质产品价值、调节服务价值和文化服务价值三类。

1）物质产品价值核算指标

物质产品包括自然生态系统提供的可为人类直接利用的普通成年树木、苗木、水产品等自然产品。各产品类型的核算指标如表 4–2 所示。

表 4-2 罗湖区物质产品价值核算指标

<table>
<tr><th>序号</th><th>二级指标</th><th>三级指标</th><th>核算内容描述</th><th>核算指标</th></tr>
<tr><td rowspan="4">1</td><td rowspan="9">物质产品</td><td rowspan="4">林业产品</td><td rowspan="4">林产品以及与森林资源相关的初级产品，包括普通成年树木、水果、苗木、古树名木</td><td>普通成年树木</td></tr>
<tr><td>水果</td></tr>
<tr><td>苗木</td></tr>
<tr><td>古树名木</td></tr>
<tr><td>2</td><td>渔业产品</td><td>利用水域中生物的物质转化功能，通过捕捞、养殖等方式取得的水产品。罗湖区主要涉及淡水产品</td><td>水产品</td></tr>
<tr><td rowspan="2">3</td><td rowspan="2">淡水资源</td><td>对港供水的深圳水库水量</td><td>深圳水库对外输出水量</td></tr>
<tr><td>水库、河流、湖库、坑塘的水资源存量，不含深圳水库</td><td>水资源存量（深圳水库对外输出水量除外）</td></tr>
</table>

2）调节服务价值核算指标

参考《生态系统生产总值核算：概念、核算方法与案例研究》（欧阳志云等，2013）和国家林业局发布的《森林生态系统服务功能评估规范》（LY/T 1721—2008），可将罗湖区生态系统服务功能划分为土壤保持、水源涵养、面源污染控制、径流调节、洪水调蓄、固碳释氧、大气净化、噪声消减、气候调节、生物多样性维持、病虫害防控 11 个方面。各服务价值描述和服务价值核算指标如表 4-3 所示。

表 4-3 罗湖区调节服务价值核算指标

<table>
<tr><th>序号</th><th>二级指标</th><th>三级指标</th><th>核算内容描述</th><th>核算指标</th></tr>
<tr><td rowspan="2">1</td><td rowspan="3">调节服务</td><td rowspan="2">土壤保持</td><td>生态系统通过其结构与过程保持土壤肥力的功能，如保持 N 含量、P 含量、K 含量、有机质含量</td><td>保持土壤肥力</td></tr>
<tr><td>生态系统通过其结构与过程降低雨水侵蚀能力，保持土壤量的功能</td><td>减轻泥沙淤积</td></tr>
<tr><td>2</td><td>水源涵养</td><td>林地、草地等生态系统通过其结构和过程拦截滞蓄降水，增强土壤下渗，涵养土壤水分和补充地下水、调节河川流量，增加可利用水资源量的功能</td><td>调节水量</td></tr>
</table>

续表

序号	二级指标	三级指标	核算内容描述	核算指标
3	调节服务	面源污染控制	城市绿地、水体等生态空间通过下渗、蒸腾等方式，调节降雨径流，从而提供的减少降雨径流所带来的面源污染的服务	控制 COD
				控制 TN
				控制 TP
				控制 SS
4		径流调节	城市绿地、水体等生态空间通过下渗、蒸腾等方式，调节降雨径流，从而提供的降低人工雨洪管网压力、缓解城市内涝等的服务	径流调节量
5		洪水调蓄	河流、湖泊、水库通过调节暴雨径流、削减洪峰，减轻洪水危害的功能	湖泊调蓄
				水库调蓄
6		固碳释氧	生态系统吸收 CO_2 合成有机物质，将碳固定在植物和土壤中，降低大气中 CO_2 浓度的功能；生态系统通过光合作用释放出 O_2，维持大气 O_2 浓度稳定的功能	固碳
				释氧
7		大气净化	生态系统吸收、阻滤大气中的污染物［如 SO_2、NO_x、颗粒物（$PM_{2.5}$、PM_{10}）］，降低大气污染物浓度，改善空气环境的功能	净化 SO_2
				净化 NO_x
				降尘
8		噪声消减	城市道路两侧绿地通过植物反射和吸收声波的能量，起到的消减交通噪声的功能	噪声消减量
9		气候调节	生态系统通过植被蒸腾作用和水面蒸发过程吸收能量、降低气温、提高湿度的功能	植物蒸腾
				水面蒸发
10		生物多样性维持	通过提供生物生存所需的物质及良好的栖息环境，提供生态演替与生物进化所需的丰富物种和遗传资源的生态功能	野生动植物保护
11		病虫害防控	通过提高物种多样性水平，增加天敌而降低植食性昆虫的种群数量，达到病虫害防控而产生的生态效应	病虫害控制功能

3）文化服务价值核算指标

文化服务价值核算指标方面，主要考虑罗湖区生态景观的休闲娱乐价值和景观美学价值（如表4-4所示）。

表4-4　罗湖区文化服务价值核算指标

序号	二级指标	三级指标	核算内容描述	核算指标
1	文化服务	休闲娱乐	生态系统为人类提供休闲和娱乐的场所，使人消除疲劳、愉悦身心、有益健康的功能	旅游价值
2		景观美学	生态系统为人类提供美学体验、精神愉悦，从而提高周边土地、房产价值的功能	景观美学价值

根据罗湖区实际，将罗湖区生态系统分为林地、湿地、河流湖库、自然生态系统，根据各生态系统的生产总值，来衡量和展示罗湖区生态系统状况，评估罗湖区生态系统为人类提供的福祉以及对城市发展的支撑作用。各生态系统所包含的产品及服务如表4-5所示。

表4-5　各自然生态系统所包含的产品及服务

		林地	湿地	城市绿地	农用地	河流湖库	未利用地
物质产品	普通成年树木	√	√	√			
	水果	√			√		
	苗木	√		√			√
	古树名木	√					
	水产品					√	
	深圳水库对外输出水量					√	
	水资源存量（深圳水库对外输出水量除外）		√			√	

续表

		林地	湿地	城市绿地	农用地	河流湖库	未利用地
调节服务	土壤保持	√	√	√	√		√
	水源涵养	√	√	√			
	面源污染控制	√	√		√	√	√
	径流调节	√	√		√	√	√
	洪水调蓄					√	
	固碳释氧	√	√	√	√		
	大气净化	√		√			
	噪声消减	√		√			
	气候调节	√	√	√		√	
	生物多样性维持	√	√	√	√		√
	病虫害防控	√					
文化服务	休闲娱乐	√	√	√		√	
	景观美学	√	√	√		√	

4.2.3.2 人居环境生态系统价值核算指标

参考《城市森林生态服务价值评估研究进展》（赵煜等，2009）、《经济发达地区城市生态服务功能的研究》（夏丽华等，2002）、《城市生态系统生产总值核算与实践研究》（叶有华等，2019）中盐田区城市GEP人居环境生态系统价值核算指标和罗湖区实际，将罗湖区人居环境生态系统价值核算指标分为大气环境维持与改善、水环境维持与改善、土壤环境维持与改善、生态环境维持与改善、声环境、合理处置固废、节能减排、土地节约集约利用、环境健康9个方面。具体核算内容描述和核算指标如表4-6所示。

表 4-6　罗湖区人居环境生态系统价值核算指标

序号	二级指标	三级指标	核算内容描述	核算指标
1	大气环境维持与改善	大气环境维持	有意识地保护大气资源并使其得到合理利用，使其长期处于一种良好的状态，防止其受到污染和破坏，提高空气优良天数和减少大气污染物排放量的价值	大气环境质量价值
		大气环境改善		空气优良天数
2	水环境维持与改善	水环境维持	按照可持续发展战略和系统科学思想，使水环境维持在较好状态，减少水污染排放量所具有的价值	水环境质量价值
		水环境改善		水污染量改善
3	土壤环境维持与保护	土壤环境维持与保护	从土壤污染修复治理成本的角度考虑，表示土地环境质量维持在一定状态，保护土壤环境所具有的价值	土壤环境质量价值
4	生态环境维持与改善	生态环境维持与改善	从生态环境建设和生物资源恢复的角度出发，来表示生态环境维持与改善所具有的价值	裸土地复绿价值
				造林价值
5	声环境	声环境服务	声环境为人提供的舒适性服务的价值	声环境总价值
				噪声污染损失价值
6	合理处置固废	固废处理	有效地管理城市固体废物的排放与处理，能够减少由固废处置不当引起的水源污染、土壤污染和生态环境破坏，在源头上减少工业固废、城市生活垃圾和餐厨垃圾的排放量	工业固废处理量
				城市生活垃圾处理量
				餐厨垃圾处理量
		固废减量		工业固废减量
				城市生活垃圾减量
				餐厨垃圾减量

续表

序号	二级指标	三级指标	核算内容描述	核算指标
6	合理处置固废	固废资源化利用	工业固废、生活垃圾和餐厨垃圾的循环利用率是不一样的，通过对固废的资源化利用会产生价值	工业固废回收再利用价值
				生活垃圾回收再利用价值
				餐厨垃圾回收再利用价值
7	节能减排	降低能源消耗	使用清洁能源和节能节水设备替代原有的高污染、高消耗生活、生产设备。污染物减排是指采取措施，淘汰高污染、低效能的落后企业和工厂，使污染物排放减少	能源使用总量
		降低水资源消耗		用水总量
		污染物减排		大气污染物减排量
8	土地节约集约利用	城市更新土地节约集约利用	一是节约用地，就是各项建设都要尽量节省用地，千方百计地不占或少占耕地；二是集约用地，每宗建设用地必须提高投入产出的强度，提高土地利用的集约化程度；三是通过整合置换和储备，合理安排土地投放的数量和节奏，改善建设用地结构、布局，挖掘用地潜力，提高土地配置和利用效率	城市更新的土地节约集约面积
9	环境健康	给人类健康造成的经济损失	由于城市大气、饮用水等环境质量改善，生活在该环境中的人群身心健康程度得以提高的表现	发病造成的损失
				死亡造成的损失

4.3 罗湖区 GEP 核算方法

4.3.1 GEP 核算思路

GEP 核算分为三步（欧阳志云等，2013）：

第一步，对生态系统产品与服务的功能量进行核算。即统计生态系统在一定时间内提供的各类产品的产量、生态调节功能量和生态文化功能量，如生态系统提供的水果产量、木材产量、淡水资源量、水源涵养量、固碳释氧量等。

第二步，确定生态系统产品与服务的价格。例如单位木材的价格、单位水资源量价格、单位水源涵养量价格等。

第三步，核算生态系统产品与服务的价值量。在生态系统产品与服务功能量核算的基础上，核算生态系统产品与服务总经济价值。

4.3.2 生态系统价值核算方法分类

生态系统价值核算是指将生态系统功能价值货币化，是进行环境资产或自然资产的价值评估，计算环境污染、资源耗竭和生态破坏造成的损失，分析防治环境污染、资源耗竭和生态破坏措施的费用和效益，实施建设项目环境影响评价的环境经济分析等的前提条件和基础工作。由于影响生态系统价值的因素有许多且难以确定，所以生态系统价值的核算目前还无法做到十分精确（章铮，1997）。根据生态经济学、环境经济学和资源经济学的研究成果，生态系统价值核算的基本方法主要分为四类：直接市场法、替代市场法、或有估计法和成果参照法（王燕等，2013；叶有华，2015；刘尧等，2017）。

4.3.2.1 直接市场法

直接市场法是直接利用现实市场上产品的交易价格对可以观察和度量的环境资源变动进行测算，它将生态环境资源看成是一个生产要素，并根据生产率的变动情况来评价生态环境资源的变动。包括以下几种常用方法。

①剂量 - 反应方法通过一定的手段评估生态环境变化给受体造成影响的物

理效果。该方法用于评价在一定的污染水平下，产品或服务产出的变化，并进而通过市场价格（或影子价格）对这种产出的变化进行价值评估。

②生产效应法（生产率变化法）认为环境变化可以通过生产过程影响生产者的产量、成本和利润，或是通过消费品的供给与价格变动影响消费者福利。因此通过估计环境变化对产出或者成本变化的影响，利用市场价格（或影子价格）核算受影响产出量或成本变化的价值作为环境质量变化的价值。

③疾病成本法和人力资本法。生态环境的基本服务之一就是为人类生命的存在提供必要的支持。环境污染将导致生态系统的生命支持能力衰退，从而导致人类的健康状况受到影响。那么可以通过量化由于人类发病率与死亡率增加而造成的生产力下降带来的直接损失以及因环境质量恶化而导致的住院费、医疗费和误工费上升带来的疾病成本来估算环境变化造成的健康损失。这是一种评价反映在人体健康上的环境价值的方法。

④重置成本法又称恢复费用法，是通过估算生态环境被破坏后将其恢复原状所需支付的费用来评估环境影响经济价值的一种方法。重置成本是按现行市场条件重新建造一项生态环境资产所支付的全部货币总额。在利用重置成本法对环境损害进行评估时，通常是将生态服务功能重置作为评估的依据。

⑤机会成本法是用生态环境资源的机会成本来计量生态环境质量变化带来的经济效益或经济损失。机会成本也称择一成本，由于资源是有限的，对某些具有唯一特征或不可逆特征的自然资源而言，选择了这种使用机会，就放弃了其他可能可以获得更大经济效益的使用机会，因此把使用方案中能获得的最大经济效益称为该资源的机会成本。保护自然系统的机会成本可以看作是失去的开发效益的现值。

4.3.2.2 替代市场法

替代市场法又称揭示偏好法，是指使用替代物的市场价格来衡量没有市场价格的生态产品价值的方法。它通过考察人们与市场相关的行为，特别是在与生态环境联系紧密的市场中所支付的价格或获得的利益，间接推算出人们对生态环境的偏好，以此来估算生态环境质量的经济价值。它可以通过为市场交易的某物品所支付的价格来估算某种生态产品或服务的隐含价格，也可以利用某个实际的市场价格来评定某种未经交易的生态产品或服务的价格。包括以下几种常用方法。

①内涵资产定价法，即内涵房地产价值法，是通过人们购买具有生态环境属性的房地产商品的价格来推断出人们赋予环境价值量大小的一种价值评估方法。通常，房地产商品都具有多种特性，它的价格体现着人们对它的各种特征的综合评价，其中包括当地的环境质量。在其他条件一致的条件下，环境质量的差异将影响消费者的支付意愿，并体现在房产的价格差异中。内涵资产定价法就是用这种差异来衡量环境质量变动的货币价值。

②工资差额法。工资差额法与内涵房地产价值法原理上有些相似，工资差额法也是考虑在其他条件相同时，劳动者工作场所环境条件的差异（例如噪声的高低、是否接触污染物等），会影响劳动者对职业的选择。一般来说，当其他条件相同时，好的工作环境会吸引更多的求职者，因此为了吸引劳动者从事工作环境比较差的职业，就要采取一定的补偿措施（如相对高的工资、更低的工时或者更多休假等）以弥补环境污染给他们造成的损失。这种工资水平的差异（更优厚的待遇可以折合成工资）就可以用来衡量环境质量的货币价值。

③费用支出法是从消费者的角度来评价生态服务功能的价值。费用支出法是以人们对某种生态服务功能的支出费用来表示其经济价值。例如，对于自

然景观的游憩效益估算，可以通过问卷调查的方式来获取游憩者支出的费用总和（包括往返交通费、餐饮费用、住宿费、门票费、入场券、设施使用费、摄影费用、购买纪念品和土特产的费用、购买或租借设备费以及停车费和电话费等所有支出的费用）作为景观的经济价值。

④防护支出法。当某种经济活动有可能导致环境污染时，人们可以采用相应的措施来预防或治理环境污染。用采取上述措施所需费用来评估环境价值的方法就是防护支出法。

4.3.2.3 或有估计法

或有估计法也称意愿调查评估法、条件价值法、权变评价法或者假想市场法，多用于评估缺少市场交易数据、也无法通过间接的观察市场行为来赋予生态环境价值时，如大气改善价值、自然景观的休闲游憩价值等。它是以调查问卷为工具来评价被调查者对缺乏市场的物品或服务所赋予的价值的方法，通过询问人们对环境质量改善的支付意愿（WTP）或忍受环境损失的受偿意愿（WTA）来推导出环境物品的价值，是一种人为地创造假想的市场来衡量生态环境质量及其变动价值的方法。

4.3.2.4 成果参照法

成果参照法就是把一定范围内可信的货币价值赋予受项目影响的非市场销售的物品和服务。成果参照法实际上是一种间接的经济评价方法，它采用一种或多种基本评价方法的研究成果来估计类似环境影响的经济价值，并经修正、调整后移植到被评价的项目。

4.3.3 罗湖区 GEP 核算方法

以 GEP 核算理论以及国内外研究案例为基础，结合罗湖区实际，明确罗湖区 GEP 核算指标对应的核算方法（如表 4–7 所示）。

表 4-7 罗湖区 GEP 核算方法

序号	一级指标	二级指标	三级指标	核算方法
1	自然生态系统价值	物质产品	林业产品	直接市场法
2			渔业产品	
3			淡水资源	
4		调节服务	土壤保持	替代市场法
5			水源涵养	
6			面源污染控制	
7			径流调节	
8			洪水调蓄	
9			固碳释氧	
10			大气净化	
11			噪声消减	
12			气候调节	
13			生物多样性维持	机会成本法
14			病虫害防控	替代市场法
15		文化服务	休闲娱乐	或有估计法
16			景观美学	重置成本法
17	人居环境生态系统价值	大气环境维持与改善	大气环境维持	或有估计法
18			大气环境改善	
19		水环境维持与改善	水环境维持	替代市场法
20			水环境改善	
21		土壤环境维持与保护	土壤环境维持与保护	防护支出法
22		生态环境维持与改善	生态环境维持与改善	成果参照法

续表

序号	一级指标	二级指标	三级指标	核算方法
23	人居环境生态系统价值	声环境	声环境服务	成果参照法
24		合理处置固废	固废处理	替代市场法
25			固废减量	
26			固废资源化利用	
27		节能减排	降低能源消耗	替代市场法
28			降低水资源消耗	直接市场法
29			污染物减排	替代市场法
30		土地节约集约利用	城市更新土地节约集约利用	直接市场法
31		环境健康	给人类健康造成的经济损失	疾病成本法

4.3.4 罗湖区 GEP 核算模型

根据生态经济学、环境经济学和资源经济学的研究成果，参考《森林生态系统服务功能评估规范》(LY/T 1721—2008)，结合罗湖区实际，明确罗湖区 GEP 的核算模型。

4.3.4.1 自然生态系统

1）物质产品

（1）林业产品

林业产品包括普通成年树木、水果、苗木和古树名木。

①普通成年树木。

$$\mathrm{EPV}_{\text{普通成年树木}}=\mathrm{EP}_{\text{普通成年树木}}\times P_{\text{普通成年树木}} \quad (4\text{–}1)$$

式中：$\mathrm{EPV}_{\text{普通成年树木}}$——普通成年树木产品价值；

$\mathrm{EP}_{\text{普通成年树木}}$——普通成年树木产量；

$P_{普通成年树木}$——普通成年树木价格。

②水果。

$$EPV_{水果}=EP_{水果}\times P_{水果} \tag{4-2}$$

式中：$EPV_{水果}$——水果价值；

$EP_{水果}$——水果产量；

$P_{水果}$——水果价格。

③苗木。

$$EPV_{苗木}=EP_{苗木}\times P_{苗木} \tag{4-3}$$

式中：$EPV_{苗木}$——苗木价值；

$EP_{苗木}$——苗木产量；

$P_{苗木}$——苗木价格。

④古树名木。

$$EPV_{古树名木}=古树名木基本价值\times 生长势调整系数\times 树木级别调整系数\times 树木生长场所调整系数+养护管理实际投入 \tag{4-4}$$

其中，基本价值 = 树种价值系数 × 地方园林绿化苗木每厘米胸径价格 × 树胸径。

式中：$EPV_{古树名木}$——古树名木价值。

（2）渔业产品

$$EPV_{渔业产品}=EP_{渔业产品}\times P_{渔业产品} \tag{4-5}$$

式中：$EPV_{渔业产品}$——渔业产品价值；

$EP_{渔业产品}$——渔业产品产量；

$P_{渔业产品}$——渔业产品价格。

（3）淡水资源

①深圳水库对外输出水量。

$$EPV_{深圳水库对外输出水量}=EP_{深圳水库对外输出水量}\times P_{深圳水库对外输出水量} \tag{4-6}$$

式中：$EPV_{深圳水库对外输出水量}$——深圳水库对外输出水量价值；

$EP_{深圳水库对外输出水量}$——深圳水库对外输出水量；

$P_{深圳水库对外输出水量}$——深圳水库对外输出水价格。

②水资源存量（深圳水库对外输出水量除外）。

$$EPV_{水资源存量}=EPV_{水资源存量}\times P_{水资源存量} \quad (4\text{–}7)$$

式中：$EPV_{水资源存量}$——水资源存量价值；

$EPV_{水资源存量}$——水资源存量；

$P_{水资源存量}$——水资源存量价格。

2）调节服务

（1）土壤保持

①保持土壤肥力。

$$ESV_{保持土壤肥力}=\sum_{i=1}^{n}A_{c}\times C_{i}\times P_{i} \quad (i=\text{N，P，K}) \quad (4\text{–}8)$$

$$A_{c}=\sum_{i=1}^{n}(Q_{i}-R_{i})\times A_{i} \quad (4\text{–}9)$$

式中：$ESV_{保持土壤肥力}$——保持土壤肥力价值，元 /a；

C_i——土壤中氮、磷、钾的纯含量；

P_i——化肥平均价格，元 /t；

A_c——土壤保持量，t/a；

Q_i——第 i 类生态系统类型的平均潜在土壤侵蚀量，t/（hm^2 · a）；

R_i——第 i 类生态系统类型的平均现实土壤侵蚀量，t/（hm^2 · a）；

A_i——第 i 类生态系统类型的面积，hm^2。

②减轻泥沙淤积。

$$ESV_{减轻泥沙淤积}=\lambda\times(A_{c}/\rho)\times c \quad (4\text{–}10)$$

式中：$ESV_{减轻泥沙淤积}$——减轻泥沙淤积价值，元 /a；

A_c——土壤保持量，t/a；

c——水库工程费用，元 /m^3；

ρ——土壤容重，t/m^3；

λ——泥沙淤积系数，取24%。

（2）水源涵养

$$\text{ESV}_{\text{水源涵养}}=Q\times P_{\text{库容}} \tag{4-11}$$

$$Q=\sum_{i=1}^{n}A_i\times(P-R_i-\text{ET})\times 10^{-3} \tag{4-12}$$

式中：$\text{ESV}_{\text{水源涵养}}$——水源涵养价值，元 /a；

$P_{\text{库容}}$——建设单位库容的工程造价，元 /m^3。

Q——水源涵养量，m^3/a；

P——年平均降雨量，mm/a；

R_i——年暴雨量，mm/a；

ET——年蒸散发量，mm/a；

A_i——第 i 类土地面积，m^2；

i——林地、湿地、城市绿地、未利用地等；

（3）面源污染控制

$$\text{ESV}_{\text{NPS}}=\sum_{j=1}^{n}Q_{\text{NPS}j}\times P_j \tag{4-13}$$

$$Q_{\text{NPS}j}=\sum_{i=1}^{n}A_i\times(P-R_i)\times\text{EMC}\times\varphi \tag{4-14}$$

式中：ESV_{NPS}——生态系统面源污染控制的价值，元 /a；

P_j——第 j 类污染物的单位治理成本，元 /t，j 为研究区污染物类别；

$Q_{\text{NPS}j}$——面源污染控制第 j 类污染物量，t/a；

R_i——第 i 类土地利用类型的年径流深度，mm/a；

P——日均降雨量，mm/a；

A_i——第 i 类土地利用类型的面积，m^2；

EMC——本地面源污染物浓度参数，mg/L；

φ——单位转换系数，量纲为一；

i——核算区土地利用类型。

（4）径流调节

$$ESV_r=Q_r\times P_r \tag{4-15}$$

$$R_i=P-Q_i \tag{4-16}$$

$$Q_i=\begin{cases}\dfrac{(P-0.2\times S_i)^2}{P+0.8\times S_i}, P>0.2S_i\\ 0, P\leqslant 0.2S_i\end{cases} \tag{4-17}$$

$$S_i=\frac{25\,400}{\mathrm{CN}_i}-254 \tag{4-18}$$

$$Q_r=\sum_{i=1}^{n}A_i\times(P-R_i)\times 10^{-3} \tag{4-19}$$

式中：ESV_r——生态系统径流调节价值，元 /a；

Q_r——年径流调节总量，m^3/a；

P_r——城市管网建设成本，元 /m^3；

R_i——第 i 类土地利用类型的年径流调节深度，mm/a；

P——日均降雨量，mm/a；

Q_i——第 i 类土地利用类型年每次平均降雨产生的径流深度，mm/a；

S_i——第 i 类土地利用类型的饱和含水量，%；

CN_i——第 i 种土地利用类型的模型参数，量纲为一；

A_i——第 i 类土地利用类型的面积，m^2。

（5）洪水调蓄

$$ESV_{洪水调蓄}=（L_P+R_P）\times P_v \tag{4-20}$$

$$L_P=134.83\times e^{0.927\cdot\ln L_a} \tag{4-21}$$

$$R_{\mathrm{P}}=\sum_{i=1}^{n}(T_i-S_i) \tag{4-22}$$

式中：$ESV_{洪水调蓄}$——生态系统洪水调蓄价值，万元 /a；

L_{P}——湖泊可调蓄水量，万 m^3/a；

R_{P}——水库调蓄量，万 m^3/a；

P_{v}——水库建设单位的工程造价，元 /m^3；

L_{a}——湖面面积，km^2；

T_i——第 i 个水库总库容，万 m^3/a；

S_i——第 i 个水库枯水期蓄水量，万 m^3/a。

（6）固碳释氧

①固碳。

$$ESV_{固碳}=Q_{CO_2}\times C_{\mathrm{C}} \tag{4-23}$$

$$Q_{CO_2}=1.62\times 27.27\%\times NPP\times A \tag{4-24}$$

式中：$ESV_{固碳}$——生态系统固碳价值，元 /a；

Q_{CO_2}——生态系统固碳总量，t/a；

C_{C}——碳价格，元 /t；

NPP——净初级生产力，t/a；

A——生态系统面积，hm^2。

②释氧。

$$ESV_{释氧}=Q_{op}\times P_{o} \tag{4-25}$$

$$Q_{op}=1.2\times NPP\times A \tag{4-26}$$

式中：$ESV_{释氧}$——生态系统释氧价值，元 /a；

Q_{op}——生态系统释氧量，t/a；

P_{o}——医疗制氧价格，元 /t；

NPP——净初级生产力，t/a；

A——生态系统面积，hm^2。

（7）大气净化

①净化 SO_2。

$$ESV_S=Q_S \cdot P_S \tag{4-27}$$

$$Q_S=q_S \cdot A \tag{4-28}$$

式中：ESV_S——生态系统吸收 SO_2 价值量，元 /a；

Q_S——生态系统吸收 SO_2 量，kg/a；

P_S——SO_2 治理费用，元 /kg；

q_S——单位面积林地和城市绿地吸收 SO_2 量，kg/（$hm^2 \cdot a$）；

A——罗湖区林地及城市绿地总面积，hm^2。

②净化 NO_x。

$$ESV_N=Q_N \cdot P_N \tag{4-29}$$

$$Q_N=q_N \cdot A \tag{4-30}$$

式中：ESV_N——生态系统吸收 NO_x 价值量，元 /a；

Q_N——生态系统吸收 NO_x 量，kg/a；

P_N——NO_x 治理费用，元 /kg；

q_N——单位面积林地和城市绿地吸收 NO_x 量，kg/（$hm^2 \cdot a$）；

A——罗湖区林地及城市绿地总面积，hm^2。

③降尘。

$$ESV_D=Q_D \cdot P_D \tag{4-31}$$

$$Q_D=q_D \cdot A \tag{4-32}$$

式中：ESV_D——年滞尘价值量，元 /a，

Q_D——生态系统年滞尘量，kg/a；

P_D——降尘清理费用，元 /kg；

q_D——单位面积林地和城市绿地年滞尘量，kg/（$hm^2 \cdot a$）；

A——罗湖区林地及城市绿地总面积，hm^2。

（8）噪声消减

采用替代市场法来估算生态系统降低噪声的价值，目前对林地和城市绿地降低噪声价值的估算多以造林成本的 15% 计算：

$$ESV_{噪声消减}=S\times F\times C\times 15\% \tag{4-33}$$

式中：$ESV_{噪声消减}$——噪声消减调节服务总价值，元 /a；

S——林地与城市绿地总面积，hm^2；

F——平均造林成本，元 /（$m^3\cdot a$）；

C——单位面积成熟林蓄积量，m^3/hm^2。

（9）气候调节

选用生态系统蒸散发过程消耗的能量作为生态系统气候调节服务的评价指标。生态系统吸热降温的功能量来自植物蒸腾以及水面蒸发两方面。

①植物蒸腾。

$$ESV_{植物蒸腾}=ES_{植物蒸腾}\times P_e \tag{4-34}$$

$$ES_{植物蒸腾}=G_a\times H_a\times \rho \tag{4-35}$$

式中：$ESV_{植物蒸腾}$——植物蒸腾调节服务总价值，元 /a；

$ES_{植物蒸腾}$——植物蒸腾总量，$kW\cdot h/a$；

P_e——当地居民用电电价，元 /（$kW\cdot h$）；

G_a——植被覆盖面积，hm^2；

H_a——单位面积绿地吸收的热量，$kJ/(hm^2\cdot a)$；

ρ——常数，为 1/3 600 $kW\cdot h/kJ$。

②水面蒸发。

$$ESV_{水面蒸发}=ES_{水面蒸发}\times P_e \tag{4-36}$$

$$ES_{水面蒸发}=W_a\times E_p\times \beta\times \rho \tag{4-37}$$

式中：$ESV_{水面蒸发}$——水面蒸发调节服务总价值，元 /a；

$ES_{水面蒸发}$——水面蒸发总量，kW · h/a；

P_e——当地居民用电电价，元 /（kW · h）；

W_a——年平均水体面积，m^2；

E_p——年平均蒸发量，m/a；

β——蒸发单位体积水消耗的能量，kJ/m^3；

ρ——常数，为 1/3 600 kW · h/kJ。

（10）生物多样性维持

生态系统维持生物多样性功能的主要表现为提供生物生存所需的物质及良好的栖息环境，提供生态演替与生物进化所需的丰富的物种和遗传资源。

采用机会成本来估算生物多样性维持价值：

$$ESV_{生物多样性维持}=\Sigma S_i \times P_{生物多样性维持} \tag{4-38}$$

$$P_{生物多样性维持}=P_r \times \eta \tag{4-39}$$

$$P_r=P_i \times \mu \tag{4-40}$$

式中：$ESV_{生物多样性维持}$——生态系统维持生物多样性的价值，元 /a；

S_i——具有此功能的生态系统面积，m^2；

$P_{生物多样性维持}$——修正后的单位面积生态系统维持生物多样性的价格，元 /（m^2 · a）；

η——各生态系统的修正系数；

P_r——单位面积生态系统维持生物多样性的平均价格，元 /（m^2 · a）；

P_i——所在城市单位面积建设用地土地价值，元 /（m^2 · a）；

μ——维持生物多样性功能在生态系统服务中所占的权重，μ 取 0.1。

（11）病虫害防控

大规模单一植物物种的栽培，容易导致虫害的猖獗和危害，而物种多样性高的群落可以降低植食性昆虫的种群数量，减少病虫害导致的损失。

以罗湖区天然林较人工林而言减少的林地病虫害发病量作为罗湖区生态

系统病虫害防控的功能量：

$$ESV_{病虫害防控}=ES_{病虫害防控}\times P_{病虫害防控} \tag{4-41}$$

$$ES_{病虫害防控}=NF_a\times(MF_r-NF_r) \tag{4-42}$$

式中：$ESV_{病虫害防控}$——病虫害防控功能总价值，元 /a；

$ES_{病虫害防控}$——病虫害防控功能量，km^2；

$P_{病虫害防控}$——单位面积的防治费用，元 /（$km^2\cdot a$）；

NF_a——天然林面积，km^2；

MF_r——人工林病虫害发病率，%；

NF_r——天然林病虫害发病率，%。

3）文化服务

自然生态景观和人工生态景观拥有优美的自然环境、较为完整的生物群落、珍贵稀有的物种以及完备的配套设施，具有较高的游憩价值，通常为重要的旅游休闲地。除此之外，生态景观常被用于开展物种监测、对照实验等科研活动，根据生态景观保存的过去和现在的生态过程痕迹，使人们更易了解生境的演变、物种的更替以及景观内部生态环境的变化趋势。

$$CSV=\Sigma CSV_i \tag{4-43}$$

式中：CSV——文化服务总价值，元 /a；

CSV_i——第 i 类文化服务价值，元 /a。

（1）休闲娱乐

运用旅行费用法来核算生态系统的休闲娱乐价值，通过有效的问卷来调查消费者支付意愿，所采用的人口基数是以 2015 年深圳市及罗湖区常住人口数量，具体公式为：

$$CSV_{休闲娱乐}=E_{生态景区休闲娱乐}+E_{公园休闲娱乐}+E_{绿道休闲娱乐} \tag{4-44}$$

$$E_{生态景区休闲娱乐}+\Sigma(C_{i1}+C_{i2})\times N_{t1} \tag{4-45}$$

$$E_{公园休闲娱乐}=\Sigma(C_1+C_2)\times N_{t2} \tag{4-46}$$

$$E_{\text{绿道休闲娱乐}}=P_{\text{深圳市平均支付意愿}}\times N_{t3} \quad (4\text{–}47)$$

$$P_{\text{深圳市平均支付意愿}}=\Sigma\left(f_i\times P_i\times N_i\right) \quad (4\text{–}48)$$

式中：$CSV_{\text{休闲娱乐}}$——休闲娱乐价值，元 /a；

$E_{\text{生态景区休闲娱乐}}$——生态景区休闲娱乐价值，元 /a；

$E_{\text{公园休闲娱乐}}$——公园休闲娱乐价值，元 /a；

$E_{\text{绿道休闲娱乐}}$——绿道休闲娱乐价值，元 /a；

C_{i1}——第 i 种生态景区的消费者支出，元 /a，指消费者为观赏游憩景观而付出的实际费用，包括该生态景区的门票费用、往返景区的交通费用及游玩时的其他消费；

C_{i2}——第 i 种生态景区的消费者剩余，元 /a，指对于该生态景区提供的商品和服务，消费者愿意支付的最高费用与实际支付费用之间的差额；

N_{t1}——罗湖区景区年接待游客总人次，人次；

C_1——罗湖区综合公园的平均消费者支出，元 /a；

C_2——罗湖区综合公园的平均消费者剩余，元 /a；

$P_{\text{深圳市平均支付意愿}}$——深圳市在绿道上的人均支付意愿，元 /（人 · a）；

f_i——深圳市第 i 区的人均使用绿道频率，次 /a；

P_i——深圳市第 i 区的人均每次支付意愿，元 /a；

N_i——深圳市第 i 区的人口数，人。

（2）景观美学

生态景观贡献是指自然或人工生态景观的存在使周围环境对周边居住人群的生活产生的正面的、积极的影响，这种影响往往是潜在的、不易让人察觉的。

运用景区的重建成本和重建所需的时间成本来替代计算生态景观贡献价值，参考仙湖植物园的建设时间以及罗湖区 2014—2016 年旅游业年均收入来计算景区重建所需要的时间成本，主要考虑仙湖植物园、梧桐山风景名胜区等重要景区，具体公式为：

$$\text{CSV}_{\text{景观美学}} = A_a \times P_a + \sum_{i=1}^{n} S_i \tag{4-49}$$

式中：$\text{CSV}_{\text{景观美学}}$——景观美学价值，元/a；

A_a——自然及人工生态景区占地总面积，km^2；

P_a——单位面积投资价格，元/（$km^2 \cdot a$）；

S_i——第 i 年罗湖区旅游业年均收入，元/a；

n——景区建设年份。

4.3.4.2 人居环境生态系统

在人居环境生态系统价值核算方面，主要采用替代市场法。替代市场法是恢复费用法的一种特殊形式，当需要评价某工程对自然资源所带来的影响、破坏程度和污染时，如果难以直接计算，就用建立另一个能提供相同效用的工程所需要的费用来进行评价。

$$\text{HEV}=\Sigma \text{HEV}_i \tag{4-50}$$

式中：HEV——人居环境生态系统总价值，元/a；

HEV_i——第 i 类人居环境生态系统价值，元/a。

1）大气环境维持与改善

大气环境维持与改善由大气环境维持和大气环境改善这两方面组成。

（1）大气环境维持

$$\text{HEV}_{\text{大气环境维持}}=C \times A \tag{4-51}$$

式中：$\text{HEV}_{\text{大气环境维持}}$——大气环境维持价值，元/a；

C——单位面积大气污染治理成本，元/（$km^2 \cdot a$）；

A——罗湖区占地面积，km^2。

（2）大气环境改善

$$\mathrm{HEV}_{\text{大气环境改善}}=D\times x\times p \tag{4-52}$$

式中：$\mathrm{HEV}_{\text{大气环境改善}}$——大气环境改善价值，元 /a；

D——优良空气增加量，即相比上一年增加的空气优良天数，d；

x——人均支付意愿，元 /（人 · a）；

p——15 岁及以上人口，人。

2）水环境维持与改善

水环境维持与改善由水环境维持和水环境改善这两方面组成。

（1）水环境维持

$$\mathrm{HEV}_{\text{水环境维持}}=x\times C \tag{4-53}$$

式中：$\mathrm{HEV}_{\text{水环境维持}}$——水环境维持价值，元 /a；

x——单位河长治理成本，元 /（km · a）；

C——罗湖区河长，km。

（2）水环境改善

$$\mathrm{HEV}_{\text{水环境改善}}=P\times A_i \tag{4-54}$$

式中：$\mathrm{HEV}_{\text{水环境改善}}$——水环境改善价值，元 /a；

P——地表水第 i 类等级的价格，元 /m^3；

A_i——第 i 类等级的地表水量，m^3/a。

3）土壤环境维持与保护

假设罗湖区内建设用地全部受到污染，为使该类土地恢复到可用于商业和居住用途的程度，罗湖区需要花费一定的财力来修复治理。因此，可以根据受污染土地单位治理成本对罗湖区土壤污染治理所需成本进行估算。因此，核算模型如式（4–55）所示。

$$\mathrm{HEV}_{\text{土壤维持}}=Y\times a \tag{4-55}$$

式中：$\mathrm{HEV}_{\text{土壤维持}}$——土壤环境维持与改善价值，元 /a；

Y——污染土地单位治理成本，元 /（$hm^2 \cdot a$）；

a——建设用地面积，hm^2。

4）生态环境维持与改善

以生态环境修复所需成本来计算生态环境维持价值。假设罗湖区所有生态资源用地均被破坏，最终变为草木稀疏的裸土地，为了使罗湖区的生态环境得以恢复，需要花费一定的资金修复重建。生态环境修复所需成本可分为裸土地复绿成本和造林成本这两部分。

$$\mathrm{HEV}_{生态维持}=\alpha\times A+\beta\times B \quad (4\text{-}56)$$

式中：$\mathrm{HEV}_{生态维持}$——生态环境维持与改善价值，元 /a；

α——裸土地复绿成本，元 /hm^2；

A——裸土地复绿面积，hm^2；

B——造林面积，hm^2；

β——造林成本，元 /hm^2。

5）声环境

环境系统功能价值与环境污染损失是一个事物的两个方面；当环境良好、不产生污染损失时，环境系统的服务功能价值达到最大；反之，污染损失越大，环境系统散失的服务功能越多，实际发挥的效益越小。因此，参考前人研究成果，运用逆向思维方式，借助环境评价中的污染损失率模型，从环境污染损失反推出环境要素的价值，即用噪声对人造成的伤害损失来近似衡量良好声环境所创造的价值。

根据 L.D. 詹姆斯等（1984）提出的污染物浓度 – 污染损失理论，声环境对人的生活质量的损害不呈简单的直线关系。以数学方程式表示浓度 – 污染损失曲线，可转换为待定系数的逻辑斯谛（Logistic）方程：

$$S=\frac{K}{1+\alpha\cdot \mathrm{e}^{-\beta c}} \quad (4\text{-}57)$$

式中：S——某污染物浓度为 c 时造成的环境资源损失，对于声环境来说，则是指在确定声级下声污染损失值，元 /a；

K——环境要素资源价值总量，在此指舒适声环境所能创造的总服务功能价值，元 /a；

c——污染物浓度，在此指噪声源声级大小，量纲为一；

α、β——待定参数，量纲为一，由污染因子的浓度 – 损失曲线特性决定，在此由噪声的特性确定。

声环境的价值可以定性化为声环境的使用价值。声环境的使用价值与城市声环境服务的人群有关系。服务的人群越大，该声环境的价值越大；服务人群的数量越小，则该声环境的价值越小。因此，某个城市的声环境总价值可以近似为：

$$K=k\times P_{人口} \tag{4-58}$$

式中：k——声环境服务的人均支付意愿，元 /（人 · a）；

$P_{人口}$——人口数，人；

人均支付意愿与个人的人均可支配收入密切相关。参考《大连市城市噪声污染损失货币化研究》（刘凤喜，1999）和《城市声环境舒适性服务功能价值分析》（许丽忠等，2006）以及欧盟各国对支付意愿进行的研究的成果，声环境服务的支付意愿与个人的人均可支配收入成正比例关系。

$$k=f\times M \tag{4-59}$$

式中：f——比例系数，量纲为一；

M——人均可支配收入，元 /（人 · a）。相关文献表明：支付意愿比例系数一般可取为 1/100~1/10，对于中国城市居民来说，可取 f=1/20。

根据上述内容可得：

$$S=\frac{K}{1+349\,487.1\mathrm{e}^{-0.204\,228c}} \tag{4-60}$$

一个区域最终表现出的声环境价值 $HEV_{声环境}$ 应该是声环境应能创造的总价值减去噪声污染损失价值后的净价值，即：

$$HEV_{声环境}=K-S \tag{4-61}$$

式中：$HEV_{声环境}$——声环境价值，元 /a。

6）合理处置固废

合理处置固废价值包含三方面：固废处理价值、固废减量价值和固废资源化利用价值。

（1）固废处理

$$HEV_{固废处理}=\Sigma A_{固废量\,i}C_{固废成本\,i} \tag{4-62}$$

式中：$HEV_{固废处理}$——固废处理价值，元 /a；

$A_{固废量\,i}$——第 i 类固废产生量，t/a；

$C_{固废成本\,i}$——第 i 类固废治理成本，元 /t。

（2）固废减量

参考相关资料，综合经济效益和生态效益方面考虑，固废减量的效益约为固废实际治理成本的 1.5 倍，因此核算模型如下：

$$HEV_{固废减量}=\Sigma\,1.5C_{固废成本\,i}A_{固废量\,i} \tag{4-63}$$

式中：$HEV_{固废减量}$——固废减量价值，元 /a；

$C_{固废成本\,i}$——第 i 类固废处理成本，元 /t；

$A_{固废量\,i}$——第 i 类固废产生量，t/a。

（3）固废资源化利用

$$HEV_{固废利用}=\Sigma\,R_iA_{固废量\,i}C_{固废利用价值\,i} \tag{4-64}$$

式中：$HEV_{固废利用}$——固废资源化利用价值，元 /a；

R_i——第 i 类固废的循环利用率，%；

$A_{固废量\,i}$——第 i 类固废产生量，t/a；

$C_{固废利用价值\,i}$——第 i 类固废的回收利用价值，元 /t。

7）节能减排

节能减排价值包含三方面：降低能源消耗价值、降低水资源消耗价值和污染物减排价值。

（1）降低能源消耗

$$\text{HEV}_{降低能源消耗}=(B_1-B_2)\times D_2\times P \tag{4-65}$$

式中：$\text{HEV}_{降低能源消耗}$——降低能源消耗价值，元/a；

B_1——基准年的万元 GDP 电耗，kW · h/ 万元；

B_2——核算年的万元 GDP 电耗，kW · h/ 万元；

D_2——核算年 GDP，万元/a；

P——深圳市电价价目表居民用电电价平均值，元/（kW · h）。

（2）降低水资源消耗

$$\text{HEV}_{降低水消耗}=(Q_1-Q_2)\times V \tag{4-66}$$

式中：$\text{HEV}_{降低水消耗}$——降低水资源消耗价值，元/a；

Q_1——基准年罗湖区内用水总量，m^3/a；

Q_2——核算年罗湖区内用水总量，m^3/a；

V——工业用水价格，元/m^3。

（3）污染物减排

$$\text{HEV}_{污染物减排}=\sum_{p=1}^{m}E_pV_p \tag{4-67}$$

式中：$\text{HEV}_{污染物减排}$——大气污染物减排价值，元/a；

E_p——第 p 类大气污染物较基准年减排量，kg/a；

V_p——每减少排放 1 t 第 p 类大气污染物能创造的效益，元/kg；

p——SO_2 和烟尘。

8）土地节约集约利用

罗湖区土地节约集约利用价值主要表现为城市更新过程中土地资源的节

约集约利用，核算方法如下：

$$S=a+b \tag{4-68}$$

式中：S——容积率提高后，建设相同的建筑面积腾出土地的面积，hm^2/a，包括储备用地 a 和城市更新单元中绿化空间面积 b。

$$HEV_{土地节约}=SA \tag{4-69}$$

式中：$HEV_{土地节约}$——土地节约集约利用价值，元 /a；

S——城市更新节约集约利用土地面积，hm^2/a；

A——城市更新出让土地单价，元 $/hm^2$。

9）环境健康

采用逆向思维，主要从空气污染对人体健康造成经济损失的角度来反推出环境健康价值。健康损失可以从两方面来考虑，一是由于空气污染而使发病率（致病率）增加产生的居民医疗费、误工费的损失；二是由于空气污染而使居民寿命减短造成的损失，表现为死亡率（致死率）增加。

因此，环境健康价值包含两方面：发病造成的损失与死亡造成的损失。

$$HEV_{环境健康}=HEV_{发病损失}+HEV_{死亡损失} \tag{4-70}$$

式中：$HEV_{环境健康}$——环境健康价值，元 /a；

$HEV_{发病损失}$——由发病造成的损失，元 /a；

$HEV_{死亡损失}$——由死亡造成的损失，元 /a。

（1）发病造成的损失

$$HEV_{发病损失}=HEV_{住院损失}+HEV_{门诊损失} \tag{4-71}$$

式中：$HEV_{发病损失}$——发病造成的损失，元 /a；

$HEV_{住院损失}$——住院造成的损失，元 /a；

$HEV_{门诊损失}$——门诊损失，元 a。

$$HEV_{住院损失}=住院花费+(误工天数+陪护天数)\times 当年职工日均收入+交通费+营养费 \tag{4-72}$$

$$HEV_{门诊损失}=门诊医疗费+(误工天数+陪护天数)\times 当年职工日均收入+交通费+营养费 \quad (4\text{–}73)$$

（2）死亡造成的损失

根据世界卫生组织（WHO）2005 年发布的《关于颗粒物、臭氧、二氧化氮和二氧化硫的空气质量准则》中的空气质量准则值以及污染物浓度变化所对应的死亡风险变化率来核算罗湖区环境健康价值。

在本书中，主要分析 PM_{10}、$PM_{2.5}$ 和 O_3 这 3 种大气污染物对人类健康的影响。与北京市 2013 年公布的各类空气污染物的年均值对比，参考 WHO 的“污染物浓度－死亡风险”变化曲线来确定污染物浓度变化所对应的死亡风险变化率。

对于人类生命价值，可参考《基于 BenMAP 的珠三角 PM_{10} 污染健康经济影响评估》（段显明等，2013）中“统计意义上的生命价值”（VSL）来对死亡的经济影响进行估算，计算公式如下：

$$HEV_{VSLSZ}=VSL_{PRD}\times\left(\frac{I_{SZ}}{I_{PRD}}\right)e \quad (4\text{–}74)$$

式中：HEV_{VSLSZ}——深圳地区的 VSL，元 /a；

VSL_{PRD}——珠三角地区的 VSL，元；

I_{PRD}——珠三角地区的人均年收入，元 / 人；

I_{SZ}——深圳地区的人均年收入，元 /（人 · a）；

e——收入弹性系数，通常取 1。

第 5 章
罗湖区 2015 年和 2017 年 GEP 核算结果

在进行罗湖区 GEP 核算时，为了使核算结果不受价格因素影响，真实反映当年生态系统的功能量变化，使用不变价进行价值核算，两年核算均采用 2015 年价格。在进行 2017 年 GEP 和 GDP 比较时，同样使用 GDP 指数将 2017 年的 GDP 调整成 2015 年可比价后再与 GEP 进行比较。

经核算，罗湖区 2015 年和 2017 年生态系统生态总值分别为 3 624.03 亿元和 3 767.95 亿元，分别为当年 GDP 的 2.10 倍和 2.06 倍。其中，2015 年罗湖区自然生态系统总价值为 2 931.14 亿元，人居环境生态系统总价值分别为 692.89 亿元；2017 年自然生态系统总价值为 2 915.90 亿元，人居环境生态系统总价值 852.05 亿元。

5.1 罗湖区自然生态系统价值

经核算，深圳市罗湖区 2015 年和 2017 年自然生态系统价值分别为 2 931.14 亿元和 2 915.90 亿元。其中，2015 年物质产品价值为 67.25 亿元，调节服务价值为 2 223.68 亿元，文化服务价值为 640.21 亿元；2017 年物质产品价值为 66.36 亿元，调节服务价值为 2 209.55 亿元，文化服务价值为 639.99 亿元。详细情况如表 5-1 所示。

表 5-1　罗湖区 2015 年和 2017 年自然生态系统价值

指标	2015 年		2017 年	
	价值 / 亿元	占比 /%	价值 / 亿元	占比 /%
物质产品	67.25	2.30	66.36	2.27
调节服务	2 223.68	75.86	2 209.55	75.78
文化服务	640.21	21.84	639.99	21.95
总和	2 931.14	100.00	2 915.90	100.00

5.1.1　物质产品价值

罗湖区物质产品主要包含林业产品、渔业产品、淡水资源三大类，其中林业产品包括普通成年树木、水果、苗木和古树名木；渔业产品主要是指淡水养殖的可在市场上出售的水产品；淡水资源包括深圳水库对外输出水量和除深圳水库对外输出水量外的水资源存量。

2015 年和 2017 年，罗湖区物质产品总价值分别为 67.25 亿元和 66.36 亿元。

5.1.1.1　2015 年物质产品价值

2015 年罗湖区物质产品价值中淡水资源价值最高，淡水资源总价值为 40.47 亿元，占物质产品总价值的 60.18%。其中深圳水库对外输出水量价值约为 37.72 亿元，占淡水资源总价值的 93.2%，占物质产品总价值的 56.09%。

林业产品价值次之，约为 25.63 亿元，占物质产品总价值的 38.11%。其中普通成年树木产品价值最高，约为 25.40 亿元，占林木产品总价值的 99.09%。

物质产品价值中渔业产品价值最低，约为 1.15 亿元，仅占物质产品总价值的 1.71%。

5.1.1.2 2017 年物质产品价值

2017 年罗湖区物质产品价值中淡水资源价值最高，淡水资源总价值为 35.11 亿元，占物质产品总价值的 52.91%。其中深圳水库对外输出水量价值约为 32.05 亿元，占淡水资源总价值的 91.29%，占物质产品总价值的 48.3%。

其次为林业产品价值，约为 29.55 亿元，占物质产品总价值的 44.53%，其中普通成年树木价值占林业产品价值的 95.37%，此外，水果产品价值相较于 2015 年提高了 94.64%。

渔业产品价值量最低，约为 1.69 亿元，仅占总产品价值的 2.55%。

分析核算结果可知，罗湖区物质产品价值顺序为淡水资源价值＞林业产品价值＞渔业产品价值，其中，深圳水库对罗湖区的物质产品价值贡献率最大。2015 年和 2017 年罗湖区物质产品价值如表 5–2 所示。

表 5–2 罗湖区 2015 年和 2017 年物质产品价值

指标	产品	价值 / 万元	
		2015 年	2017 年
林业产品	普通成年树木	253 957.5	281 822.40
	水果	114.14	2 129.50
	苗木	1 161.60	10 388.25
	古树名木	1 065.90	1 173.54
	小计	256 299.14	295 513.69
渔业产品	水产品	11 513.45	16 930.23
淡水资源	深圳水库对外输出水量	377 188.28	320 519.97
	水资源存量（除深圳水库对外输出水量外）	27 514.92	30 593.34
	小计	404 703.20	351 113.31
合计		672 515.79	663 557.23

5.1.2 调节服务价值

罗湖区 2015 年和 2017 年自然生态系统调节服务总价值分别为 2 223.68 亿元和 2 209.55 亿元（如表 5–3 所示）。

表 5–3 罗湖区 2015 年和 2017 年调节服务价值

指标		价值 / 万元	
		2015 年	2017 年
土壤保持	保持土壤肥力	1 104.51	1 099.46
	减轻泥沙淤积	12.37	12.32
水源涵养		3 430.82	11 999.00
面源污染控制		13.31	48.74
径流调节		448.42	1 641.68
洪水调蓄		20 605.15	20 694.87
固碳释氧	固碳	9 036.52	8 987.13
	释氧	61 365.24	61 029.80
大气净化	净化 SO_2	115.62	113.60
	净化 NO_x	2 643.21	2 597.04
	降尘	747.19	734.13
噪声消减		1 156.57	1 272.78
气候调节	植物蒸腾	7.83	7.70
	水面蒸发	301 434.94	338 910.93
生物多样性维持		21 834 616.00	21 646 312.00
病虫害防控		32.80	32.40
合计		22 236 770.51	22 095 493.59

5.1.2.1 土壤保持价值

罗湖区 2015 年土壤保持功能总价值为 1 116.88 万元。其中，保持土壤肥力价值为 1 104.51 万元，占比约 98.89%；减轻泥沙淤积价值为 12.37 万元，占比仅为 1.11%。

2017年土壤保持功能总价值为1 111.78万元。其中，保持土壤肥力价值为1 099.46万元，占比约98.89%；减轻泥沙淤积价值为12.32万元，仅占土壤保持功能总价值的1.11%。

2017年土壤保持功能总价值相较于2015年有所下降，但下降幅度较小，仅为0.46%。保持土壤肥力价值、减轻泥沙淤积价值分别下降了0.46%、0.40%。罗湖区2015年、2017年土壤保持功能总价值如表5-4所示。

表5-4　罗湖区2015年和2017年土壤保持价值

核算年	土壤保持总量/万t	保肥总量/万t	保肥价值/万元	减轻泥沙淤积量/万m^3	减轻泥沙淤积价值/万元	总价值/万元
2015年	5.10	4.60	1 104.51	0.49	12.37	1 116.88
2017年	5.07	4.58	1 099.46	0.49	12.32	1 111.78

5.1.2.2　水源涵养价值

根据模型核算得出罗湖区2015年、2017年水源涵养总价值分别为3 430.82万元、11 999.00万元，水源涵养总价值上升幅度约为249.74%。

5.1.2.3　面源污染控制价值

根据模型核算得出罗湖区2015年、2017年面源污染控制总价值分别为13.31万元、48.74万元，面源污染控制总价值上升幅度约为266.19%。

5.1.2.4　径流调节价值

根据模型核算得出罗湖区2015年、2017年径流调节总价值分别为448.42万元、1 641.68万元，径流调节总价值上升幅度约为266.10%。

5.1.2.5　洪水调蓄价值

罗湖区生态系统洪水调蓄主要来自湖泊调节和水库调节，2015年洪水调蓄价值为20 605.15万元，2017年洪水调蓄价值为20 694.87万元，洪水调蓄价值变化幅度不明显。

5.1.2.6 固碳释氧价值

1）固碳价值

根据核算模型，结合罗湖区不同生态系统类型资源禀赋，核算 2015 年、2017 年罗湖区生态系统固碳价值（如表 5-5 所示）。

表 5-5 罗湖区生态系统固碳价值

生态系统类型	主要植被	固碳量 /t		固碳价值 / 万元	
		2015 年	2017 年	2015 年	2017 年
林地	常绿阔叶林（生态公益林）	23 828.19	23 636.96	6 998.04	6 941.88
	经济林	846.70	837.40	248.67	245.93
	用材林	3 069.27	3 057.02	901.41	897.81
	小计	27 744.16	27 531.38	8 148.12	8 085.62
湿地	沟谷雨林	40.43	21.58	11.87	6.34
城市绿地	常绿阔叶林	2 936.36	3 003.12	862.37	881.98
农用地	农田	48.21	44.91	14.16	13.19
合计		30 769.16	30 600.99	9 036.52	8 987.13

罗湖区 2015 年、2017 年生态系统固碳总价值分别为 9 036.52 万元、8 987.13 万元。各类生态系统固碳价值从大到小依次为林地固碳价值＞城市绿地固碳价值＞农用地固碳价值＞湿地固碳价值，主要受生态系统类型面积影响。罗湖区各生态系统类型面积由大到小顺序为林地＞城市绿地＞农用地＞湿地。林地面积及植被净初级生产力远远大于其他生态系统类型，其固碳价值最大；湿地植被净初级生产力虽稍大于城市绿地、农用地，但其面积远远小于城市绿地，其固碳价值最小。

2015 年，罗湖区林地生态系统固碳价值最大，约为 8 148.12 万元，占罗湖区固碳总价值的 90.17%。其中常绿阔叶林（生态公益林）固碳价值最大，为6 998.04万元，占林地生态系统固碳总价值的85.89%，占罗湖区固碳总价值的77.44%。城市绿地、农用地、湿地固碳总价值分别为862.37万元、14.16万元、11.87万元，分别占罗湖区固碳总价值的9.54%、0.16%、0.13%。

2017年，罗湖区林地生态系统固碳价值为8 085.62万元，占罗湖区各类生态系统固碳总价值的89.97%。其中常绿阔叶林（生态公益林）固碳价值最大，为6 941.88万元，占林地生态系统固碳总价值的85.85%，占罗湖区固碳总价值的77.24%。城市绿地、农用地、湿地固碳总价值分别为881.98万元、13.19万元、6.34万元，分别占罗湖区固碳总价值的9.81%、0.15%、0.07%。

2017年相较于2015年，生态系统固碳总价值变化不大，仅下降约0.55%。受罗湖区各类生态系统面积变化的影响，林地、湿地、农用地生态系统固碳价值有所下降，城市绿地固碳价值有所上升。

2）释氧价值

根据核算模型，结合罗湖区不同生态系统类型资源禀赋，核算2015年、2017年罗湖区生态系统释氧价值（如表5-6所示）。

表5-6　罗湖区生态系统释氧价值

生态系统类型	主要植被	释氧量/t		释氧价值/万元	
		2015年	2017年	2015年	2017年
林地	常绿阔叶林（生态公益林）	64 725.02	64 205.57	47 522.33	47 140.94
	经济林	2 299.92	2 274.64	1 688.64	1 670.08
	用材林	8 337.12	8 303.86	6 121.27	6 .096.85
	小计	75 362.06	74 784.07	55 332.24	54 907.87
湿地	沟谷雨林	109.82	58.61	80.63	43.03
城市绿地	常绿阔叶林	7 976.11	8 157.43	5 856.21	5 989.34
农用地	农田	130.96	121.99	96.15	89.57
合计		83 578.95	83 122.1	61 365.24	61 029.80

罗湖区2015年、2017年生态系统释氧总价值分别为61 365.24万元、61 029.80万元。各类生态系统释氧价值由大到小顺序为林地释氧价值＞城市绿地释氧价值＞农用地释氧价值＞湿地释氧价值，主要受生态系统类型面积影响。

2015年，罗湖区林地生态系统释氧总价值最大，约为55 332.24万元，占罗湖区释氧总价值的90.17%。其中常绿阔叶林（生态公益林）释氧价值最大，为47 522.33万元，占林地生态系统释氧总价值的85.89%，占罗湖区释氧总价值的77.44%。城市绿地、农用地、湿地释氧总价值分别为5 856.21万元、96.15万元、80.63万元，分别占罗湖区释氧总价值的9.54%、0.16%、0.13%。

2017年，罗湖区林地生态系统释氧总价值约为54 907.87万元，占罗湖区释氧总价值的89.97%。其中常绿阔叶林（生态公益林）释氧价值最大，为47 140.94万元，占林地生态系统释氧总价值的85.85%，占罗湖区释氧总价值的77.24%。城市绿地、农用地、湿地释氧总价值分别为5 989.34万元、89.57万元、43.03万元，分别占罗湖区生态释氧总价值的9.81%、0.15%、0.07%。

2017年相较于2015年，生态系统释氧总价值变化不大，仅下降约0.55%。同样，受罗湖区各类生态系统面积变化的影响，林地、湿地、农用地生态系统释氧价值有所下降，城市绿地释氧价值有所上升。

5.1.2.7 大气净化价值

罗湖区2015年和2017年生态系统大气净化总价值分别为3 506.02万元和3 444.77万元，净化大气总价值下降幅度较小，仅为约1.75%。罗湖区大气净化价值由大到小顺序为净化 NO_x 价值＞降尘价值＞净化 SO_2 价值。

2015年、2017年均为吸收 NO_x 的价值最大，分别约为2 643.21万元、2 597.04万元，均约占年度大气净化总价值的75.39%；其次为生态系统降尘价值，分别为747.19万元、734.13万元，均约占年度大气净化总价值的

21.31%；吸收 SO_2 价值最小，分别约为 115.62 万元、113.60 万元，均约仅占年度大气净化总价值的 3.30%。

5.1.2.8 噪声消减价值

罗湖区 2015 年和 2017 年生态系统噪声消减总价值分别为 1 156.57 万元和 1 272.78 万元，提高幅度约为 10.05%。

5.1.2.9 气候调节价值

2015 年，罗湖区生态系统气候调节总价值为 301 442.77 万元，其中，水面蒸发气候调节价值约为 301 434.94 万元，植物蒸腾气候调节价值约为 7.83 万元。

2017 年，罗湖区生态系统气候调节总价值为 338 918.63 万元，其中，水面蒸发气候调节价值约为 338 910.93 万元，植物蒸腾气候调节价值约为 7.70 万元。

5.1.2.10 生物多样性维持价值

罗湖区 2015 年、2017 年生态系统生物多样性维持总价值分别为 2 183.46 亿元、2 164.63 亿元。各类生态系统生物多样性维持价值顺序为林地＞河流湖库＞城市绿地＞裸土＞湿地，主要受生态系统类型面积及各生态系统类型资源禀赋影响（如表 5-7 所示）。

2015 年，罗湖区林地生态系统生物多样性维持价值最大，约为 1 457.35 亿元，占 66.74%；河流湖库生物多样性维持价值为 424.42 亿元，占 19.44%；城市绿地生物多样性维持价值为 282.69 亿元，占 12.95%；裸土地、湿地生物多样性维持总价值为 18.99 亿元，仅占罗湖区生物多样性维持价值的 0.87%。

2017 年，罗湖区 2017 年林地生物多样性维持价值为 1 422.60 亿元，占

65.72%；河流湖库生物多样性维持价值为 431.87 亿元，占 19.95%；城市绿地生物多样性维持价值为 291.49 亿元，占 13.47%；裸土地、湿地生物多样性维持总价值为 18.68 亿元，仅占罗湖区生物多样性维持价值的 0.86%。

表 5–7　罗湖区生态系统生物多样性维持功能价值

生态系统类型		林地	城市绿地	湿地	河流湖库	裸土地	总计
面积 /hm²	2015 年	1 401.30	504.81	4.16	482.3	191.64	2 584.21
	2017 年	1 367.88	520.51	2.22	490.76	209.1	2 590.47
修正系数		1.3	0.7	1.1	1.1	0.1	—
单位面积价值 /［元 /（m²·a）］		10 400	5 600	8 800	8 800	800	—
价值 / 亿元	2015 年	1 457.35	282.69	3.66	424.42	15.33	2 183.46
	2017 年	1 422.60	291.49	1.95	431.87	16.73	2 164.63

5.1.2.11　病虫害防控价值

罗湖区 2015 年和 2017 年生态系统病虫害防控价值分别为 32.80 万元和 32.40 万元。

5.1.3　文化服务价值

2015 年，罗湖区文化服务总价值为 640.21 亿元。其中，景观美学价值最大，约为 586.67 亿元，约占文化服务总价值的 91.64%；其次为休闲娱乐价值，为 53.54 亿元，仅占 8.36%。

2017 年，罗湖区文化服务总价值为 639.99 亿元。其中景观美学价值为 586.67 亿元，约占 91.67%；休闲娱乐价值为 53.32 亿元，仅占 8.33%。

2017 年相较于 2015 年，罗湖区文化服务总价值仅下降 0.03%。其景观美学价值没有变化，受年度旅游客流量变化，休闲娱乐价值稍有下降，价值量降低 2 200 万元，下降幅度约为 0.40%（如表 5–8 所示）。

表 5-8　罗湖区 2015 年和 2017 年文化服务价值

指标	价值 / 亿元	
	2015 年	2017 年
休闲娱乐	53.54	53.32
景观美学	586.67	586.67
合计	640.21	639.99

5.2　罗湖区人居环境生态系统价值

经核算，罗湖区 2015 年和 2017 年人居环境生态系统价值分别为 692.89 亿元和 852.05 亿元（如表 5-9 所示）。

表 5-9　罗湖区人居环境生态系统价值

指标	2015 年		2017 年	
	价值 / 亿元	占比 /%	价值 / 亿元	占比 /%
大气环境维持与改善	64.24	9.27	65.42	7.68
水环境维持与改善	78.30	11.30	78.72	9.24
土壤环境维持与保护	269.67	38.92	258.99	30.39
生态环境维持与改善	6.43	0.93	6.32	0.74
声环境	19.90	2.87	24.81	2.91
合理处置固废	0.76	0.11	1.03	0.12
节能减排	1.98	0.29	3.47	0.41
土地节约集约利用	165.48	23.88	312.26	36.65
环境健康	86.12	12.43	101.04	11.86
总和	692.89	100.00	852.05	100.00

5.2.1　大气环境维持与改善价值

2015 年罗湖区大气环境维持与改善总价值约为 64.24 亿元，其中大气环境质量维持价值、大气环境改善价值分别为47.25亿元、16.99亿元，分别占73.55%、26.45%。

2017年罗湖区大气环境维持与改善总价值约为65.42亿元，其中大气环境质量维持价值、大气环境改善价值分别为47.25亿元、18.17亿元，分别占72.23%、27.77%。

2017年大气环境维持与改善总价值比2015年提升约1.84%，区域内大气环境质量维持价值不变，大气环境改善价值随区域内优良天数比例上升而提高。

5.2.2 水环境维持与改善价值

2015年罗湖区水环境维持与改善总价值约为78.30亿元，其中水环境质量维持价值、水环境改善价值分别为74.61亿元、3.69亿元，分别占95.29%、4.71%。

2017年罗湖区水环境维持与改善总价值约为78.72亿元，其中水环境质量维持价值、水环境改善价值分别为74.61亿元、4.11亿元，分别占94.78%、5.22%。

2017年水环境维持与改善总价值比2015年提升约0.54%，区域内水环境质量维持价值不变，水环境改善价值随区域内地表水水质改善而提高。

5.2.3 土壤环境维持与保护价值

经核算，罗湖区2015年和2017年土壤环境维持与保护价值分别为269.67亿元和258.99亿元，土壤环境维持与保护价值下降约3.96%。

5.2.4 生态环境维持与改善价值

2015年罗湖区生态环境维持与改善总价值约为6.43亿元，其中由于裸土地复绿、造林带来的生态环境维持与改善价值分别为1.66亿元、4.77亿元，分别占25.82%、74.18%。

2017年罗湖区生态环境维持与改善总价值约为6.32亿元，其中由于裸土地复绿、造林带来的生态环境维持与改善价值分别为1.64亿元、4.68亿元，分别占25.95%、74.05%。

由于2017年裸土地复绿面积、造林面积相较于2015年均有所下降，其带来的生态环境维持与改善价值随之减少。

5.2.5 声环境价值

经核算，罗湖区2015年和2017年声环境价值分别为19.90亿元和24.81亿元，声环境价值提高约24.67%。

5.2.6 合理处置固废价值

罗湖区产生的主要固体废物包括工业固体废物、城市生活垃圾及餐厨垃圾，固废处置方式包括固废处理、固废减量、固废资源化利用三种方式。2015年、2017年罗湖区不同固废处置方式价值由大到小顺序依次为固废资源化利用价值＞固废减量价值＞固废处理价值。

2015年，罗湖区合理处置固废价值7 587.18万元，固废资源化利用价值、固废减量价值、固废处理价值分别为7 215.18万元、223.20万元、148.80万元，分别占合理处置固废总价值的95.10%、2.94%、1.96%。

2017年，罗湖区合理处置固废价值10 275.34万元，固废资源化利用价值、固废减量价值、固废处理价值分别为9 873.34万元、241.20万元、160.80万元，分别占合理处置固废总价值的96.09%、2.35%、1.56%。

罗湖区2017年合理处置固废价值比2015年增长约35.43%，固废资源化利用价值增长率最高，达36.84%；固废减量价值、固废处理价值均增长约8.06%。

5.2.7 节能减排价值

罗湖区节能减排主要包含降低能源消耗、降低水资源消耗、污染物减排三方面。

2015 年，罗湖区节能减排总价值约为 19 763.50 万元，各节能减排方式价值由大到小顺序为降低能源消耗价值＞污染物减排价值＞降低水资源消耗价值，降低能源消耗价值为 19 762.6 万元，降低水资源消耗、污染物减排总价值仅为 0.90 万元，其中降低水资源消耗价值为 0。

2017 年，罗湖区节能减排总价值约为 34 691.97 万元，各节能减排方式价值顺序为降低能源消耗价值＞降低水资源消耗价值＞污染物减排价值，降低能源消耗价值为 33 195.88 万元，占 95.69%；降低水资源消耗、污染物减排价值总价值为 1 496.09 万元，其中，污染物减排价值仅为 0.79 万元。

相较于 2015 年，罗湖区 2017 年节能减排总价值增长约 75.54%，其中，降低能源消耗价值增长 67.97%；污染物减排价值下降 12.22%；降低水资源消耗价值由 0 增长到 1 495.30 万元，罗湖区降低水资源消耗现象明显。

5.2.8 土地节约集约利用价值

经核算，罗湖区 2015 年、2017 年土地节约集约利用价值分别为 165.48 亿元和 312.26 亿元，增长约 88.70%，城市土地节约集约利用率明显增加。

5.2.9 环境健康价值

经核算，罗湖区 2015 年、2017 年环境健康的价值分别为 86.12 亿元和 101.04 亿元，增长约 17.32%。

5.3 小结

5.3.1 罗湖区自然生态系统价值对GEP贡献高，但GEP变化受人居环境生态系统价值影响大

经初步核算，罗湖区2015年、2017年GEP分别为3 624.03亿元、3 767.95亿元，增长143.92亿元，增长率为3.97%，GEP分别为当年GDP的2.10倍、2.06倍。

自然生态系统价值对罗湖区GEP贡献最大，2015年、2017年罗湖区自然生态系统价值分别占GEP的80.88%、77.39%。但是罗湖区GEP变化受人居环境生态系统价值影响最大，2017年罗湖区自然生态系统价值比2015年下降15.24亿元，人居环境生态系统价值增加159.16亿元，GEP整体提升。

2015年、2017年罗湖区人口数量增长约5.16万人，人均GEP分别为37.15万元、36.68万元，下降约1.27%；单位面积GEP分别为46.02亿元/km²、47.85亿元/km²，增长约3.97%（如表5-10所示）。

表5-10 罗湖区2015年和2017年GEP对比

测算年度	核算范围	面积/km²	人口/万人	GDP总量/亿元	人均GDP/万元	GEP		人均GEP/万元	单位面积GEP/（亿元/km²）
						总量/亿元	增长率/%		
2015年	罗湖区	78.75	97.56	1 728.39	17.72	3 624.03	—	37.15	46.02
2017年			102.72	2 161.19	21.04	3 767.97	3.97	36.68	47.85

5.3.2 罗湖区自然生态系统总价值及其变化主要受区域生物多样性维持价值影响

经核算，2015 年、2017 年罗湖区自然生态系统总价值分别为 2 931.14 亿元和 2 915.91 亿元，减少约 15.24 亿元，下降率为 0.52%。

罗湖区自然生态系统价值二级指标中，自然生态系统调节服务价值最大，2015 年、2017 年分别占自然生态系统总价值的 75.86%、75.78%。相较于 2015 年，2017 年罗湖区调节服务价值减少约 14.13 亿元，占自然生态系统总价值减少量的 92.72%。

三级指标中，罗湖区自然生态系统生物多样性维持价值最大，其次为气候调节价值、固碳释氧价值。2015 年、2017 年罗湖区生物多样性维持价值分别占自然生态系统总价值的 74.49%、74.23%，生物多样性维持价值降低 18.83 亿元，对罗湖区自然生态系统总价值下降的影响最大。

5.3.3 罗湖区人居环境生态系统总价值及其变化主要受区域土地节约集约利用价值影响

经核算，2015 年、2017 年罗湖区人居环境生态系统总价值分别为 692.89 亿元和 852.05 亿元，增加 159.16 亿元，增长率约为 22.97%。

罗湖区人居环境生态系统价值中，土地节约集约利用价值、土壤环境维持与保护价值较大，其次为环境健康价值、水环境维持与改善价值、大气环境维持与改善价值，其他类型价值相对较小。

2015 年、2017 年罗湖区人居环境生态系统总价值变化主要受土地节约集约利用价值变化影响，相较于 2015 年，2017 年罗湖区土地节约集约利用价值增加约 146.78 亿元，占人居环境生态系统总价值增加量的 92.22%。

第 6 章
罗湖区 2015 年、2017 年 GEP 变化分析及对策建议

相比 2015 年，罗湖区 2017 年 GEP 总量增长 3.97%，GDP 增长 25.04%，实现了 GDP 和 GEP 的“双提升”。GEP 核算的 31 项主要指标中，林业产品等 18 项（占 58.06%）指标实现增长，人居环境生态系统价值方面更有大气环境维持与改善等 10 项（占 66.67%）指标实现增长，表明罗湖区作为深圳市老城区，在城市空间高度利用、经济社会快速发展的情况下，将生态文明建设融入“五位一体”建设之中，实现了绿色发展，保障了自然生态系统功能与区域生态环境的安全。

6.1 罗湖区自然生态系统价值变化分析及对策建议

2017 年罗湖区自然生态系统价值比 2015 年减少 15.24 亿元，下降 0.52%。在占比方面，2015 年和 2017 年罗湖区自然生态系统中调节服务价值最大，其次为文化服务价值，物质产品价值最小。在变化趋势方面，物质产品价值和调节服务价值分别减少 0.89 亿元和 14.13 亿元，占比分别下降 0.02% 和 0.09%；文化服务价值降低 0.22 亿元，占比增加 0.11%（如表 6–1 和图 6–1 所示）。

表 6-1　罗湖区 2015 年和 2017 年自然生态系统价值变化明细

序号	一级指标	二级指标	三级指标	价值量 / 万元		变化率 /%
				2015 年	2017 年	
1	自然生态系统价值	物质产品	林业产品	256 299.44	295 513.69	15.30
2			渔业产品	11 513.45	16 930.23	47.05
3			淡水资源	404 703.21	351 113.31	−13.24
4		调节服务	土壤保持	1 116.88	1 111.78	−0.46
5			水源涵养	3 430.82	11 999.00	249.74
6			面源污染控制	13.31	48.74	266.19
7			径流调节	448.42	1 641.68	266.10
8			洪水调蓄	20 605.15	20 694.87	0.44
9			固碳释氧	70 401.76	70 016.93	−0.55
10			大气净化	3 506.02	3 444.77	−1.75
11			噪声消减	1 156.57	1 272.78	10.05
12			气候调节	301 442.77	338 918.63	6.34
13			生物多样性维持	21 834 616.00	21 646 312.00	−0.86
14			病虫害防控	32.80	32.40	−1.22
15		文化服务	休闲娱乐	243 500.00	227 800.00	−6.45
16			景观美学	5 866 700.00	5 866 700.00	0.00
总计				29 311 337.54	29 158 930.65	−0.52

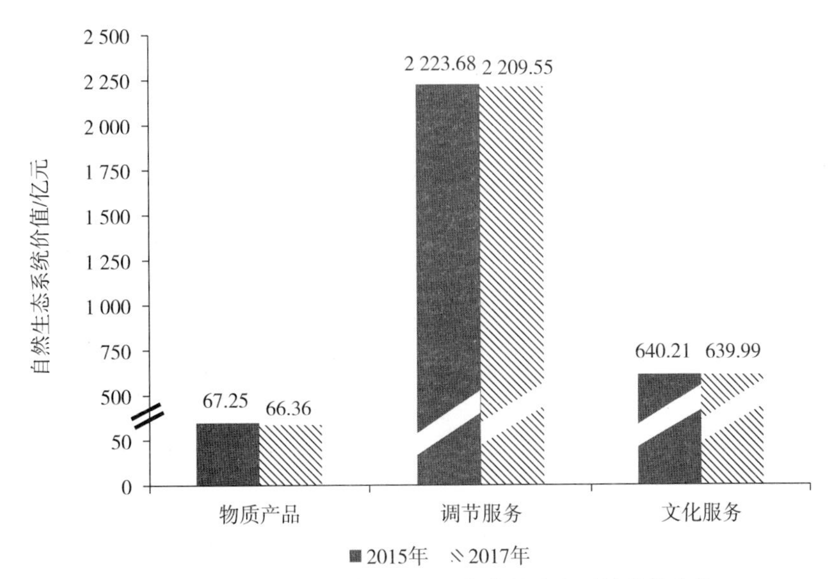

图 6-1　罗湖区 2015 年和 2017 年自然生态系统价值变化

6.1.1 物质产品

与2015年相比，2017年罗湖区普通成年树木、水果、苗木、古树名木、水产品、水资源存量（深圳水库对外输出水量除外）价值上升，深圳水库对外输出水量价值下降（如图6–2所示）。

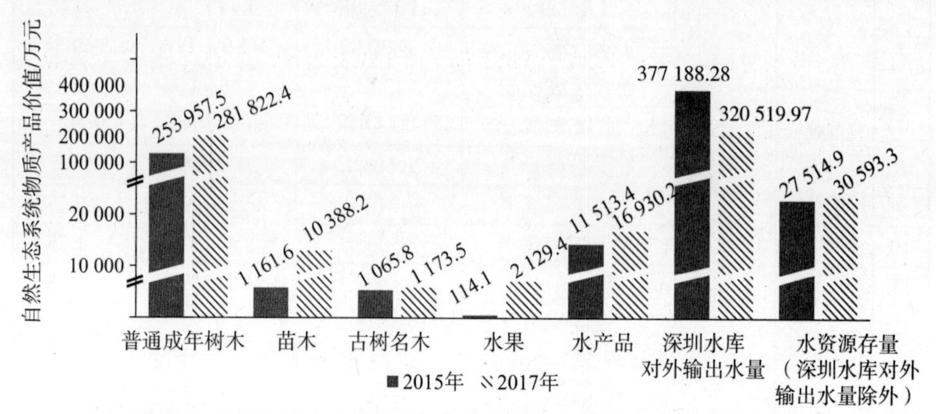

图6–2 罗湖区2015年和2017年自然生态系统物质产品价值变化

6.1.1.1 物质产品价值变化分析

1）水果、水产品、水资源存量价值变化分析

与2015年相比，2017年罗湖区水果价值、水产品价值和水资源存量价值分别增加2 015.36万元、5 416.79万元和3 078.42万元，分别增长1 766%、47%和11%。

水果、水产品和水资源价值受其产量及存量影响。由于相比2015年，全区2017年水果产量由32t增加至597 t，水产品产量由3 624 t增加至5 329 t，水资源存量由8 231.41万m^3增加至9 132.34万m^3，因此水果、水产品和水资源存量价值上升。

2）苗木、普通成年树木价值变化分析

与2015年相比，2017年罗湖区苗木和普通成年树木价值均提高，分别增加9 226.35万元和27 864.90万元，分别增长794%和11%。

苗木价值受到幼龄林面积和幼龄林密度两方面因素影响。全区幼龄林面积由 2015 年的 24.2 hm^2 增加至 2017 年的 230.85 hm^2，幼龄林密度由 2015 年的 0.16 株 /m^2 下降至 2017 年的 0.15 株 /m^2。可知罗湖区苗木价值主要受幼龄林面积增加而上升。

普通成年树木价值受到成熟林面积和成熟林密度两方面因素影响。成熟林面积由 2015 年的 3 386.1 hm^2 增加至 2017 年的 3 131.36 hm^2，成熟林密度由 2015 年的 0.15 株 /m^2 增加至 2017 年的 0.18 株 /m^2，因此罗湖区普通成年树木价值上升。

3）古树名木价值变化分析

与 2015 年相比，2017 年罗湖区古树名木价值增加 107.64 万元，增长 10.10%。

古树名木价值受到养护管理投入、树木的胸径、树龄、生长势等多种因素的影响。古树名木养护管理实际投入由 2015 年的 366.16 万元增加至 2017 年的 474.14 万元，树木的胸径、树龄不断增加，生长势保持良好状态，因此古树名木价值上升。

4）深圳水库对外输出水量价值变化分析

与 2015 年相比，2017 年深圳水库对外输出水量价值减少 5.67 亿元，下降 15.02%。

深圳水库对外输出水量价值主要受对外输出水量因素影响。对外输出水量由 2015 年的 7.66 万 m^3 下降至 2017 年的 6.51 万 m^3，因此该指标价值下降。

6.1.1.2 物质产品价值对策建议

由物质产品价值变化分析可知，除古树名木外，物质产品价值主要由自然生态系统系统的直接物质产品决定，古树名木主要受其管理实际投入影响，考虑到罗湖区主体功能定位与发展实际，结合罗湖区相关规划，为提升全区物质产品价值，建议开展以下工作：

①依托罗湖区内梧桐山、银湖山、深圳水库、深圳河等自然区域，构建完善的生态网络安全格局，连通大型生态用地，加大本地树种的种植，通过实施景观轴立体绿化、深圳水库生态防护带建设、天然次生林保护与改造等工程，提升全区活力木总量。

②保护好罗湖区内现存的天然林地，加强幼林抚育，优化森林结构，提高森林质量，不断增强森林生态产品的供给能力。同时对罗湖区内的古树名木实施数字化管理，实现对古树名木生长状态、病虫害信息、土壤状况等立地条件的在线监测和预警，实时掌握其生长态势。

③加大对水资源的保护力度，将河流、湖泊、湿地、坑塘、沟渠等水生态敏感区纳入保护范围，推进被破坏的自然系统的生态恢复和修复。

6.1.2 调节服务

罗湖区2015年和2017年调节总价值分别为2 223.68亿元和2 209.55亿元，2017年生态系统调节服务价值较2015年下降14.13亿元（如图6–3所示）。

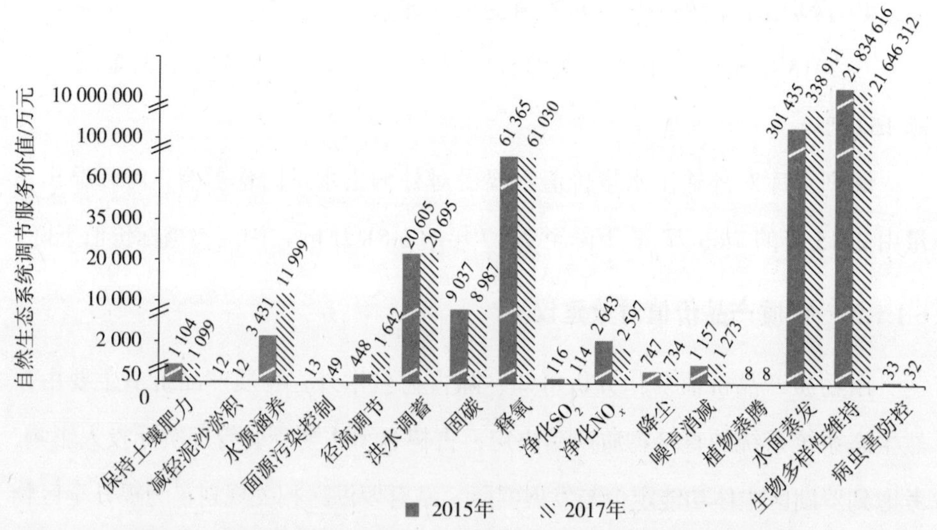

图6–3 罗湖区2015年和2017年自然生态系统调节服务价值变化

6.1.2.1 调节服务价值变化分析

1）水源涵养价值变化分析

与 2015 年相比，2017 年水源涵养价值增加 8 568.18 万元，增长 250%。

水源涵养价值受年平均降雨量、年均暴雨量、年蒸散发量和具有水源涵养功能的生态系统面积等因素影响。罗湖区年平均降雨量由 2015 年的 1 626.4 mm 增长至 2017 年的 1 967.1 mm，年均暴雨量由 2015 年的 530 mm 减少至 2017 年的 515 mm，年蒸散发量由 2015 年的 1 045.9 mm 增加至 2017 年的 1 273.1 mm，具有水源涵养功能的生态系统面积由 2015 年的 4 543.19hm^2 减少至 2017 年的 4 482.77 hm^2。因此，罗湖区水源涵养价值增加主要是由于罗湖区年平均降雨量增加和年暴雨量减少。

2）径流调节价值和面源污染控制价值变化分析

与 2015 年相比，2017 年径流调节价值增加 1 193.26 万元，增长 266%。2017 年面源污染控制价值增加 35.43 万元，增长 266%。

径流调节价值和面源污染控制价值受日均降雨量，土地利用类型中林地、裸地、农用地和湿地面积，土地利用类型的饱和含水量和模型参数等因素的影响。罗湖区日均降雨量由 2015 年的 12.14 mm 增加至 2017 年的 16.02 mm，林地、农用地、湿地等具有径流调节和面源污染控制功能的用地类型面积由 2015 年的 4 055.17 hm^2 减少至 2017 年的 3 977.9 hm^2。因此，径流调节价值和面源污染控制价值的上升主要是由于日均降雨量的增加。

3）气候调节价值变化分析

与 2015 年相比，2017 年气候调节价值增加 37 475.86 万元，增长 12.43%。

气候调节价值受植被覆盖面积、单位绿地面积吸收的热量、年水体面积、年平均蒸发量和蒸发单位体积的水消耗的能量 5 个因素的影响。罗湖区植被覆盖面积由 2015 年的 4 347.39 hm^2 减少至 2017 年的 4 271.45 hm^2，年水体面积由 2015 年的 482.3 hm^2 增加至 2017 年的 490.76 hm^2，年平均蒸发量由 2015 年的 1 045.9 mm 增加至 2017 年的 1 273.1 mm。因此，罗湖区气候调节价值提高主要是由于水体面积增加和年平均蒸发量增加。

4）噪声消减价值变化分析

与 2015 年相比，2017 年噪声消减价值增加 116.21 万元，增长 10%。

噪声消减价值受林地面积大小绿地面积大小、单位面积成熟林木材蓄积量三方面影响。罗湖区林地面积由 2015 年的 3 842.58 hm^2 减少至 2017 年的 3 750.94 hm^2，城市绿地面积由 2015 年的 504.81 hm^2 增加至 2017 年的 520.51 hm^2，单位面积成熟林木材蓄积量由 2015 年的 73.89 m^3/hm^2 增加至 2017 年的 82.76 m^3/hm^2。因此噪声消减价值上升主要是由于单位面积成熟林木材蓄积量增加。

5）生物多样性维持价值变化分析

与 2015 年相比，2017 年生物多样性维持价值减少 188 304 万元，降低 0.86%。

生物多样性维持价值受单位面积建设用地土地价格、各生态系统的修正系数（修正系数越高表征生态用地类型的生物多样性保护功能越强）、生态系统面积三方面因素的影响。虽然具有生物多样性保护功能的生态系统面积总体增长，由 2015 年的 2 601 hm^2 增加至 2017 年的 2 606.11 hm^2，但因为增加面积的生态用地类型（如城市绿地、裸土地）修正系数较低，减少面积的生态用地类型（如林地、湿地）修正系数较高，因此生物多样性维持价值仍呈现降低趋势。

6.1.2.2 调节服务价值对策建议

由调节服务价值变化分析可知，调节服务价值主要由林地面积、水体面积、湿地面积、农用地面积、城市绿地面积等生态用地面积决定，结合罗湖区相关规划，为提升全区自然生态系统调节服务产品价值，建议开展以下工作：

①严格落实基本生态控制线、生态保护红线保护政策，严厉打击违规占用基本生态控制线行为，对大望梧桐山片区及清水河北部林地变化斑块进行重点核查。

②实施“绿地增量、公园建改、绿化升级、绿道完善、立体绿化”等城市绿化提升行动，推动裸露斑块复绿，加快造林绿化进程，建设城市森林公园和慢行绿道系统，提高罗湖区城市林地和绿地面积。

③加强河流治理，尽量减少对近岸水域的占用，提高水面覆盖率。同时加大湿地系统修复，开展河流生物多样性修复工程、深圳水库库内生态修复工程，打造洪湖国际湿地公园。

④结合罗湖区五大城市更新片区建设，落实地面渗透性改造和绿化改造，以清水河片区、笋岗滞洪区、大望梧桐片区为试点区域，在市政道路、公园、大型公共建筑、易涝区治理等项目中，全面落实海绵城市建设要求。

6.1.3 文化服务

罗湖区 2015 年和 2017 年文化服务价值分别为 640.21 亿元和 639.99 亿元，下降 0.03%（如图 6-4 所示）。

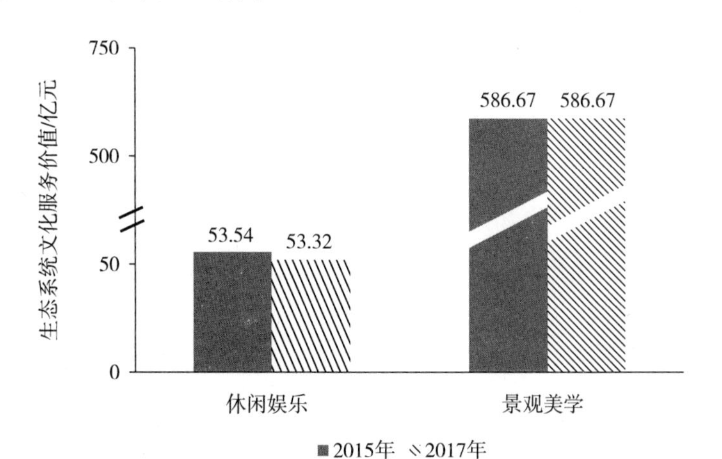

图 6-4 罗湖区 2015 年和 2017 年生态系统文化服务价值变化

6.1.3.1 文化服务价值变化分析

文化服务价值包括休闲娱乐价值和景观美学价值。与2015年相比，2017年休闲娱乐价值减少2 171.4万元，下降0.4%；景观美学价值无变化。

休闲娱乐价值受旅游区游客人数、旅游景区个数、消费者支出和消费者剩余四方面因素的影响。罗湖区旅游区人数由2015年的271.14万人次降低至2017年的225.37万人次，因此罗湖区休闲娱乐价值减少。

6.1.3.2 文化服务价值对策建议

①加强对罗湖区内仙湖植物园、梧桐山风景名胜区等生态景区的提升改造，结合现有的旅游文化资源，构筑商业特色和生态旅游的文化氛围，大力发展生态文化旅游等配套服务产业，提升服务层次与服务水平，建设生态优美、旅游特色明显、配套设施齐全的服务消费链。

②在保护生态山水资源的前提下，实施环境综合整治和生态景观营造，整合梧桐山国家风景名胜区、深圳水库、仙湖植物园、梧桐山景观河、兰科基地、5号线绿道、罗湖体育休闲公园等资源，打造集文化、旅游、观光、休闲、祈福于一体的梧桐山艺术小镇，深入挖掘生态文化价值。

③建设洪湖国际湿地公园，增添沿岸人文景观和文体休闲设施，将洪湖公园打造成一个生物多样性丰富、生态景观和人文景观优美、人与自然和谐交融的国家级城市湿地公园，成为重要的生态旅游地和城市名片。

6.2 罗湖区人居环境生态系统价值变化分析及对策建议

由核算结果可知，罗湖区2015年和2017年人居环境生态系统价值分别为692.89亿元和852.05亿元，增加159.16亿元（如表6–2和图6–5所示）。说明罗湖区积极主动开展生态文明建设，通过节能减排、绿色发展、污染治理、生态修复等措施，人为努力改善了城市环境质量，生态价值不断提升。

表 6–2　罗湖区 2015 年和 2017 年人居环境生态系统价值变化明细

序号	一级指标	二级指标	价值量 / 万元		变化率 /%
			2015 年	2017 年	
1	人居环境生态系统价值	大气环境维持与改善	642 370.34	654 209.21	1.84
2		水环境维持与改善	783 035.05	787 211.97	0.53
3		土壤环境维持与保护	2 696 731.54	2 589 868.05	−3.96
4		生态环境维持与改善	64 328.02	63 164.22	−1.81
5		声环境	199 012.84	248 070.66	24.65
6		合理处置固废	7 587.18	10 275.34	35.43
7		节能减排	19 763.50	34 691.96	75.54
8		土地节约集约利用	1 654 811.24	3 122 594.01	88.70
9		环境健康	861 244.57	1 010 449.72	17.32

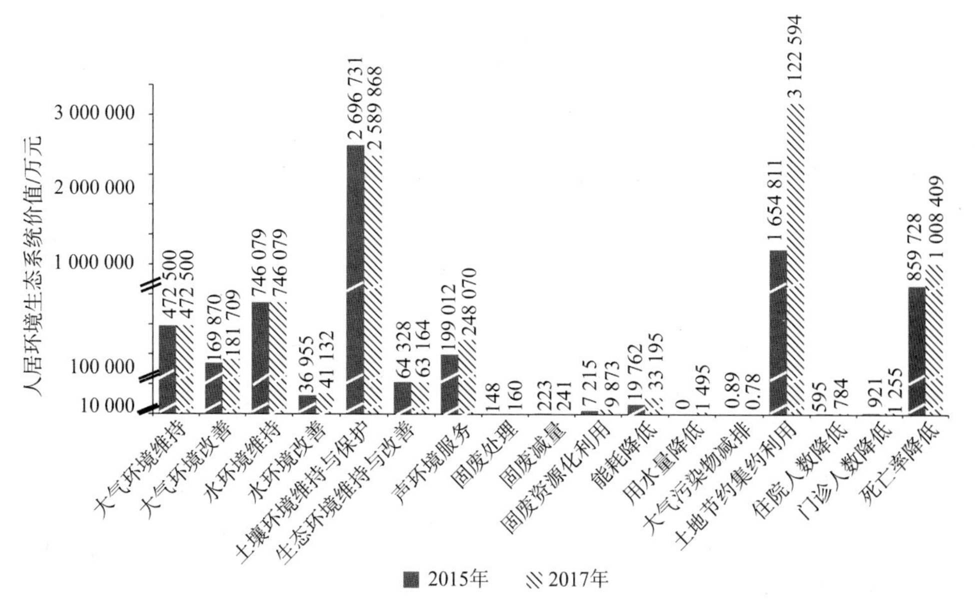

图 6–5　罗湖区 2015 年和 2017 年人居环境生态系统价值变化

6.2.1 大气环境维持与改善

6.2.1.1 大气环境维持与改善价值变化分析

与2015年相比，2017年大气环境维持与改善价值增加11 838.87万元，增长1.84%。

大气环境维持与改善价值受空气优良天数和15岁及以上具有支付能力的居民人口数两方面因素影响。

6.2.1.2 大气环境维持与改善价值对策建议

①加大机动车尾气污染治理。加强对车辆使用环节的管理，严格执行国家机动车污染物排放标准，加快淘汰高污染机动车，重点推进新能源汽车在公共服务领域的规模化、商业化应用。

②加强城市扬尘污染控制。全面推行“绿色施工”作业，加强渣土运输执法检查，积极推行道路机械化清扫保洁和清洗作业方式。

③加强工业污染源治理。督促罗湖区境内企业严格落实环境风险防范主体责任，完善重点企业“一企一档”工作。加强对罗湖区重点企业的全过程监管，如水贝 - 布心片区黄金珠宝加工企业，确保各环节均落实有效的污染防治和管理措施。

6.2.2 水环境维持与改善

6.2.2.1 水环境维持与改善价值变化分析

与2015年相比，2017年水环境维持与改善价值增加4 176.92万元，增长0.53%。

水环境维持与改善价值受河流的水质和水资源量影响。深圳水库2017年水质优良，水环境质量达到Ⅱ类标准，水资源量减少250.87万m^3；布吉河

2015 年水质为劣Ⅴ类，2017 年水质改善为Ⅴ类，布吉河水资源量为 3 488.26 万 m^3；2017 年梧桐山河的水质状况下降明显，由Ⅱ类下降为Ⅳ类，梧桐山河水资源量无变化。因此，罗湖区水环境维持与改善价值增加主要是由于布吉河水质的改善。

6.2.2.2 水环境维持与改善价值对策建议

①加强饮用水水源安全保障。依法取缔和整治饮用水水源保护区内排污口，对饮用水水源保护区内的违法种植养殖、违法搭建等行为进行全面清查。制订内源污染治理行动计划，开展水源保护区底泥清淤、生态浮床等生态修复建设。

②加强污水收集与处理设施建设。督促经营性质的排水小区进行雨污分流整改，加快完善污水收集支管管网，大幅提高区内用户污水收集率，确保污水管网路径完整、接驳顺畅。同时支持污水处理厂设备升级，提高污水处理工作效率，形成运转高效的污水收集 - 处理体系。

③加快河流综合整治。加快推进罗湖区入河排污口的普查，及时对新发现的污水排放源进行处置。加强深圳河、布吉河末端支流管养全覆盖，推进“小、散、乱、污”企业的综合整治，严查错接乱排，严控面源污染。

6.2.3 声环境

6.2.3.1 声环境价值变化分析

与 2015 年相比，2017 年声环境价值增加 49 057.82 万元，增长 24.65%。

声环境价值受声级大小、常住人口数和人均可支配收入三方面因素影响。2015 年和 2017 年罗湖区内声级大小相同，常住人口数由 2015 年的 97.56 万人增加至 2017 年的 102.72 万人，人均可支配收入由 2015 年的 47 186 元增加至 2017 年的 55 863 元，因此声环境价值上升。

6.2.3.2 声环境价值对策建议

①借助罗湖区重点推进的五大片区城市更新，合理科学规划，实施功能置换，在居住区与商业区、娱乐区之间利用绿化带、声屏障等措施减少商业娱乐噪声对居民生活的影响。

②加强现有道路的养护与管理，使用新型的低噪声路面材料；重点加强布心路、沿河北路、沿河南路等 17 条道路噪声整治，对噪声污染严重的城市主干道，以交通管理、道路立体绿化、敏感点保护为主。划定交通噪声重点防护区域，加强机动车管理，在噪声敏感区行驶的车辆禁止鸣喇叭。

③加强施工噪声源头控制，建立辖区内施工场地详细名录，加强施工过程中噪声源的监测，并每月不定时进行现场抽检，加大对违反噪声污染防治法规的建筑施工单位的查处力度，对噪声超标的施工项目依法予以处罚和责令整改。

④对小区公用设施要采取减噪措施，要求小区居民室内装修控制作业时间，督促社区及室内播放音乐、演奏乐器等各类文娱活动适当控制音量。

6.2.4 合理处置固废

6.2.4.1 合理处置固废价值变化分析

1）固废处理价值和固废减量价值变化分析

与 2015 年相比，2017 年固废处理价值和固废减量价值分别增加 12 万元和 18 万元，均增长 8.06%；

固废处理价值和固废减量价值受工业固体废物产生量、城市生活垃圾产生量、餐厨垃圾产生量、工业固体废物回收再利用率、城市生活垃圾回收再利用率、餐厨垃圾回收再利用率六方面因素影响。与基准年相比，工业固体废物减少量由2015年的372 t增加至2017年的402 t，城市生活垃圾减少量和餐厨垃圾减少量2015年和2017年均为0。因此固废处理价值和固废减量价值增加主要是由于工业固体废物减少量的增加。

2）固废资源化利用价值变化分析

与2015年相比，2017年固废资源化利用价值增加2 658.16万元，增长36.84%。

固废资源化利用价值受工业固体废物产生量、城市生活垃圾产生量、餐厨垃圾产生量、工业固体废物回收再利用率、城市生活垃圾回收再利用率、餐厨垃圾回收再利用率六方面因素影响。工业固废回收再利用率由2015年的72.9%降至2017年的0，2017年不产生回收利用价值，餐厨垃圾回收再利用率由2015年的0增加为2017年的91%。固废资源化利用价值增加主要是由于城市生活垃圾利用量和餐厨垃圾回收再利用率的增加。

6.2.4.2 合理处置固废价值对策建议

①进一步规范市政道路（人行道）等公共场所的分类垃圾桶，确保分类标识明显、准确，同时加强垃圾分类的宣传教育和分类知识普及，逐步推进各类垃圾回收利用工作。

②结合城市更新规划，做好全区建筑废弃物资源化综合利用的顶层设计。在工程建设项目中推广使用绿色再生建材产品，政府投资项目优先使用绿色再生建材产品。

③大力发展节能环保产业和循环经济。探索建立再生资源信息服务平台、交易平台，引进大型环保企业或鼓励辖区规模以上环保企业开拓新业务。

④大力推进资源回收与综合利用。按照减量化、再利用、资源化的原则，加快建立循环型产业体系，逐步提高资源循环利用率。

6.2.5 节能减排

6.2.5.1 节能减排价值变化分析

1）降低能源消耗价值变化分析

2017 年节能减排指标中降低能源消耗价值较 2015 年增加 1.34 亿元，增长 68%。降低能源消耗价值主要受核算年罗湖区万元 GDP 电耗较基准年减少量和当年 GDP 的影响，与 2015 年相比（基准年为 2014 年），罗湖区 2017 年万元 GDP 电耗比基准年 2016 年减少量更多，为 19.2 kW · h/ 万元，比 2015 年高 35%，且 2017 年罗湖区 GDP 为 2015 年的 1.25 倍，因此 2017 年罗湖区降低能源消耗价值上升。

2）降低水资源消耗价值变化分析

2017 年节能减排指标中降低水资源消耗价值由 2015 年的 0 增加至 2017 年的 1 495.3 万元。由于节能节水器具的普及以及用水结构的优化，2017 年全区用水量较基准年 2016 年减少 1 495.3 万 m^3，产生降低水资源消耗价值。2015 年较基准年 2014 年用水量增加，没有产生降低水资源消耗价值。

3）污染物减排价值变化分析

2017 年节能减排指标中污染物减排价值较 2015 年减少 1 091.83 元，降低 12.18%。与基准年相比，2015 年 SO_2 减排量高于 2017 年，2017 年粉尘减排量高于 2015 年，但由于 SO_2 治理费用是粉尘治理费用的 17.64 倍，因此综合来看 2015 年污染物减排价值更高。

6.2.5.2 节能减排价值对策建议

①加大全区水资源集约利用，推动节水型社会建设。以“海绵城市”理念引导城市低影响开发建设，引导企业实行节水技术改造，淘汰高耗水落后工

艺；引导各片区以城市更新为契机，探索建设小区中水回用示范工程。

②大力推广绿色建筑。严格执行《深圳经济特区建筑节能条例》《深圳市绿色建筑促进办法》等法规、规章，新建建筑严格执行节能建筑和绿色建筑标准，实施建设全过程监督管理与竣工验收制度。

③引导绿色消费模式。倡导绿色低碳生活方式和消费模式，鼓励市民采购节能绿色低碳产业和通过环境标志认证的产品，引导市民节约消费、适度消费、清洁消费，自觉减少使用一次性物品消费。

6.2.6 土地节约集约利用

6.2.6.1 土地节约集约利用价值变化分析

与 2015 年相比，2017 年土地节约集约利用价值增加了 146.78 亿元，增长了 88.7%。

罗湖区土地节约集约利用价值受每年新增储备用地和城市更新单位中绿化用地两方面因素影响。新增储备用地面积由 2015 年的 25.21 hm^2 增加至 2017 年的 40.79 hm^2；2017 年城市更新单元中绿化用地面积为 67 852.9 m^2，2015 年土地出让记录缺失。与 2015 年相比，2017 年城市更新带来的土地节约集约利用面积增加 22.36 hm^2，因此 2017 年土地节约集约利用价值提高。

6.2.6.2 土地节约集约利用价值对策建议

①加强规划设计，为区域的未来发展预留一定的生态空间，让节约集约出来的土地更大限度地服务于人居生态系统建设。

②严格落实土地利用规划，对城市更新单元的规划实施进行把关和考核，对重点建设工程的规划绿地面积进行验收。

6.2.7 环境健康

6.2.7.1 环境健康价值变化分析

与2015年相比，2017年环境健康价值增加14.92亿元，增长17.32%。

环境健康价值受职工日均收入、人均可支配收入、常住人口数、PM_{10}质量浓度、$PM_{2.5}$质量浓度和O_3质量浓度等多方面因素影响。2017年罗湖区主要大气污染物PM_{10}、$PM_{2.5}$和O_3质量浓度比2015年均有所下降，PM_{10}质量浓度由2015年的52 $\mu g/m^3$下降至2017年的42 $\mu g/m^3$，$PM_{2.5}$质量浓度由2015年的31 $\mu g/m^3$降至2017年的29 $\mu g/m^3$，O_3质量浓度由2015年的83 $\mu g/m^3$增加至2017年的89 $\mu g/m^3$。因此当两年的污染物质量浓度均与北京相比时，2017年质量浓度差值更大，带来的呼吸疾病就诊、住院、死亡人数降幅更大，环境健康价值更高。

6.2.7.2 环境健康价值对策建议

环境健康价值与大气环境维持与改善价值均受罗湖区内大气环境质量的影响，因此提升的建议相同：一方面，继续加大大气环境治理力度，重点针对机动车尾气污染、城市扬尘污染等全面控制大气污染源。另一方面，继续调整优化能源消费结构，推广新能源和清洁能源汽车应用，加强充电桩、充电设备设施建设。

参考文献

［1］白玛卓嘎，肖燚，欧阳志云，等，2017. 甘孜藏族自治州生态系统生产总值核算研究［J］. 生态学报，37（19）：6302–6312.

［2］白杨，李晖，王晓媛，等，2017. 云南省生态资产与生态系统生产总值核算体系研究［J］. 自然资源学报，32（7）：1100–1112.

［3］曹茂莲，张莉莉，查浩，2014. 国内外实施绿色GDP核算的经验及启示［J］. 环境保护，42（4）：63–65.

［4］曹玉昆，李迪，2013. 基于生态投资视角的国有林区 GEP 核算研究——以黑龙江省“天保”工程投资为例［J］. 经济师，（11）：12–15.

［5］陈梦根，2005. 绿色 GDP 理论基础与核算思路探讨［J］. 中国人口 · 资源与环境，15（1）：3–7.

［6］陈叶军，2015. 绿色 GDP 2.0：将绿色价值纳入制度设计［N］. 中国社会科学报，2015–04–22（A02）.

［7］陈志良，2009. 生态资产评估技术研究进展［C］// 中国环境科学学会 . 中国环境科学学会 2009 年学术年会论文集（第三卷）. 中国环境科学学会：中国环境科学学会 2009 年学术年会 .

［8］陈仲新，张新时，2000. 中国生态系统效益的价值［J］. 科学通报，45（1）：17–22，113.

［9］陈自娟，2016. 基于水环境承载力的滇池流域生态补偿机制研究［D］. 昆明：云南大学 .

［10］程莹莹，张开华，2013. 农业绿色 GDP 测算方法初探和实证［J］. 中国科

技论坛，(9)：128–132.

[11] 杜梦飞，2014. 中国森林资源核算研究成果彰显绿色力量[N]. 中国绿色时报，2014–10–23（A02）.

[12] 段显明，屈金娥，2013. 基于BenMAP的珠三角PM_{10}污染健康经济影响评估[J]. 环境保护与循环经济，33(12)：46–51.

[13] 冯宗炜，陈楚莹，张家武，等，1982. 湖南省会同县两个森林群落的生物生产力[J]. 植物生态学与地植物学丛刊，(4)：257–267.

[14] 高敏雪，2004. 绿色GDP的认识误区及其辨析[J]. 中国人民大学学报，18(3)：56–62.

[15] 高敏雪，李静萍，许健，2013. 国民经济核算原理与中国实践[M].3版. 北京：中国人民大学出版社.

[16] 高清竹，何立环，黄晓霞，等，2002. 海河上游农牧交错地区生态系统服务价值的变化[J]. 自然资源学报，17(6)：706–712.

[17] 高旺盛，董孝斌，2003. 黄土高原丘陵沟壑区脆弱农业生态系统服务评价——以安塞县为例[J]. 自然资源学报，18(2)：182–188.

[18] 高云峰，2005. 北京山区森林资源价值评价[D]. 北京：中国农业大学.

[19] 国洪飞，2011. 国有林区天然林保护工程实施效果和后续政策研究[D]. 哈尔滨：东北林业大学.

[20] 韩维栋，高秀梅，卢昌义，等，2000. 中国红树林生态系统生态价值评估[J]. 生态科学，19(1)：40–46.

[21] 何浩，潘耀忠，朱文泉，等，2005. 中国陆地生态系统服务价值测量[J]. 应用生态学报，16(6)：1122–1127.

[22] 侯春飞，韩有志，李岱青，等，2016. 深圳市大鹏新区生态保护红线划定技术方法研究[J]. 环境科学学报，36(3)：1106–1112.

[23] 侯元兆，王琦，1995. 中国森林资源核算研究[J]. 世界林业研究，8(3)：

51–56.

［24］桓曼曼，2001. 生态系统服务功能及其价值综述［J］. 生态经济，（12）：41–43.

［25］霍婷洁，2014. 渭河流域水资源自然资本价值评估［D］. 杨凌：西北农林科技大学 .

［26］姜文来，2003. 森林涵养水源的价值核算研究［J］. 水土保持学报，17（2）：34–36，40.

［27］姜学民，郭犹焕，李卫武，1985. 生态经济学概论［M］. 武汉：湖北人民出版社 .

［28］金丹，卞正富，2013. 基于能值和 GEP 的徐州市生态文明核算方法研究［J］. 中国土地科学，27（10）：88–94.

［29］金雨泽，黄贤金，2014. 基于资源环境价值视角的江苏省绿色 GDP 核算实证研究［J］. 地域研究与开发，33（4）：131–135.

［30］L.D. 詹姆斯，R.R. 李，1984. 水资源规划经济学［M］. 常锡厚，赵宝璋，谢安周，等，译 . 北京：水利电力出版社 .

［31］李健，陈力洁，2005. 论“绿色 GDP”核算体系及其面临的问题［J］. 北方环境，30（1）：1–4.

［32］李金华，2015. 联合国环境经济核算体系的发展脉络与历史贡献［J］. 国外社会科学，（3）：30–38.

［33］李晶，2003. 陕西秦巴山区植被生态调节功能及其生态服务价值测评［D］. 西安：陕西师范大学 .

［34］李阳兵，王世杰，周德全，2005. 茂兰岩溶森林的生态服务研究［J］. 地球与环境，33（2）：39–44.

［35］刘凤喜，1999. 大连市城市噪声污染损失货币化研究［J］. 辽宁城乡环境科技，19（1）：27–28.

[36] 刘伟华，2014. 库布其GEP核算项目对我国生态文明建设的促进作用[J]. 前沿，(7)：119-120.

[37] 刘尧，张玉钧，贾倩，2017. 生态系统服务价值评估方法研究[J]. 环境保护，45(6)：64-68.

[38] 吕文峰，2017. 探究绿色国民经济核算体系[J]. 当代经济，(2)：10-11.

[39] 马国霞，於方，王金南，等，2017. 中国2015年陆地生态系统生产总值核算研究[J]. 中国环境科学，37(4)：1474-1482.

[40] 马国霞，赵学涛，吴琼，等，2015. 生态系统生产总值核算概念界定和体系构建[J]. 资源科学，37(9)：1709-1715.

[41] 马传栋，王干梅，1991. 全国十年生态与环境经济理论回顾与发展研讨会纪要[J]. 经济学动态，(5)：9-12.

[42] 欧阳志云，王如松，赵景柱，1999. 生态系统服务功能及其生态经济价值评价[J]. 应用生态学报，10(5)：635-640.

[43] 欧阳志云，肖燚，2017. 顺德区生态系统生产总值(GEP)研究报告[R]. 北京：中国科学院生态环境研究中心.

[44] 欧阳志云，赵同谦，王效科，等，2004. 水生态服务功能分析及其间接价值评价[J]. 生态学报，24(10)：2091-2099.

[45] 欧阳志云，赵同谦，赵景柱，等，2004. 海南岛生态系统生态调节功能及其生态经济价值研究[J]. 应用生态学报，15(8)：1395-1402.

[46] 欧阳志云，朱春全，杨广斌，等，2013. 生态系统生产总值核算：概念、核算方法与案例研究[J]. 生态学报，33(21)：6747-6761.

[47] 潘耀忠，史培军，朱文泉，等，2004. 中国陆地生态系统生态资产遥感定量测量[J]. 中国科学(D辑：地球科学)，34(4)：375-384.

[48] 沈晓艳，王广洪，黄贤金，2017.1997—2013年中国绿色GDP核算及时空格局研究[J]. 自然资源学报，32(10)：1639-1650.

［49］舒惠国，2001. 生态环境与生态经济［M］. 北京：科学出版社：39–94.

［50］苏多杰，马梅英，2008. 青海森林资源资产评估及生态补偿［J］. 青海社会科学，（6）：76–79.

［51］苏美蓉，杨志峰，张迪，2007. 城市生态系统服务功能价值评估方法初探［J］. 环境科学与技术，30（7）：52–55.

［52］孙菲，李友俊，2012. 完善我国 GDP 核算体系的思考——建立 3G–GDP 国民福利核算体系初探［J］. 价格理论与实践，（3）：49–50.

［53］孙付华，王朝霞，施文君，2018. 基于水资源资产价值的绿色 GDP 核算研究——以江苏省为例［J］. 价格理论与实践，（4）：97–101.

［54］王保乾，李祎，2015.GEP 核算体系探究——以江苏省水资源生态系统为例［J］. 水利经济，33（05）：14–18.

［55］王建国，2016. 围场生态系统生产总值核算体系初探［J］. 统计与管理，（5）：10.

［56］王金南，马国霞，於方，等，2018. 2015 年中国经济 – 生态生产总值核算研究［J］. 中国人口 · 资源与环境，28（2）：1–7.

［57］王金南，於方，蒋洪强，等，2005. 建立中国绿色 GDP 核算体系：机遇、挑战与对策［J］. 环境保护，（5）：56–60.

［58］王丽，2015. 基于单一生态视角的简单 GEP 研究——以绿色南京为例［J］. 江苏商论，（5）：78–80，83.

［59］王松霈，2000. 生态经济学［M］. 西安：陕西人民教育出版社 .

［60］王燕，高吉喜，王金生，等，2013. 生态系统服务价值评估方法述评［J］. 中国人口 · 资源与环境，23（11）：337–339.

［61］文一惠，刘桂环，田至美，2010. 生态系统服务研究综述［J］. 首都师范大学学报（自然科学版），31（3）：64–69.

［62］吴楠，陈红枫，葛菁，2018. 绿色 GDP2.0 框架下的安徽省生态系统生产总

值核算［J］. 安徽农业大学学报（社会科学版），27（1）：39–49.

［63］夏丽华，宋梦，2002. 经济发达地区城市生态服务功能的研究［J］. 广州大学学报（自然科学版），1（3）：71–74.

［64］夏艳，2010. 上海海岸带生态资产评估方法研究［D］. 上海：华东师范大学 .

［65］肖寒，欧阳志云，赵景柱，等，2000. 海南岛生态系统土壤保持空间分布特征及生态经济价值评估［J］. 生态学报，20（4）：552–558.

［66］谢高地，鲁春霞，成升魁，2001. 全球生态系统服务价值评估研究进展［J］. 资源科学，23（6）：5–9.

［67］修瑞雪，吴钢，曾晓安，等，2007. 绿色 GDP 核算指标的研究进展［J］. 生态学杂志，26（7）：1107–1113.

［68］辛琨，肖笃宁，2002. 盘锦地区湿地生态系统服务功能价值估算［J］. 生态学报，22（8）：1345–1349.

［69］熊皎，董丽华，罗晓波，2017. 荥经县生态资产评估及动态演变［J］. 四川林业科技，38（1）：54–57.

［70］徐慧文，2013. 生态系统主要服务功能及评价方法研究述评［C］// 四川省环境科学学会 . 四川省环境科学学会 2013 年学术年会论文集 .

［71］徐俏，何孟常，杨志峰，等，2003. 广州市生态系统服务功能价值评估［J］. 北京师范大学学报（自然科学版），39（2）：268–272.

［72］徐中民，张志强，苏志勇，等，2002. 恢复额济纳旗生态系统的总经济价值——条件估值非参数估计方法的应用［J］. 冰川冻土，24（2）：160–167.

［73］许丽忠，张江山，王菲凤，2006. 城市声环境舒适性服务功能价值分析［J］. 环境科学学报，26（4）：694–698.

［74］许中旗，李文华，闵庆文，等，2005. 锡林河流域生态系统服务价值变化研

究［J］. 自然资源学报，20（1）：99–104.

［75］薛达元，2000. 长白山自然保护区生物多样性非使用价值评估［J］. 中国环境科学，20（2）：141–145.

［76］严茂超，2001. 生态经济学新论：理论、方法与应用［M］. 北京：中国致公出版社 .

［77］杨丹辉，李红莉，2010. 基于损害和成本的环境污染损失核算——以山东省为例［J］. 中国工业经济，（7）：125–135.

［78］杨光梅，李文华，闵庆文，等，2007. 对我国生态系统服务研究局限性的思考及建议［J］. 中国人口 · 资源与环境，17（1）：85–91.

［79］叶有华，2015.“城市 GEP”的盐田实践［J］. 决策，（6）：52–53.

［80］叶有华，陈礼，孙芳芳，等，2019. 城市生态系统生产总值核算与实践研究［M］. 北京：科学出版社 .

［81］叶有华，孙芳芳，张原，等，2014. 快速城市化区域经济与环境协调发展动态评价——以深圳宝安区为例［J］. 生态环境学报，23（12）：1996–2002.

［82］尤飞，王传胜，2003. 生态经济学基础理论、研究方法和学科发展趋势探讨［J］. 中国软科学，（3）：131–138.

［83］于德永，潘耀忠，刘鑫，等，2006. 湖州市生态资产遥感测量及其在社会经济中的应用［J］. 植物生态学报，30（3）：404–413.

［84］余新晓，鲁绍伟，靳芳，等，2005. 中国森林生态系统服务功能价值评估［J］. 生态学报，25（8）：2096–2102.

［85］喻露露，张晓祥，李杨帆，等，2016. 海口市海岸带生态系统服务及其时空变异［J］. 生态学报，36（8）：2431–2441.

［86］袁勇，2003. 环境经济综合核算体系（SEEA）理论与方法探析［D］. 大连：东北财经大学 .

［87］岳文淙，徐琳瑜，赵旭，2009. 基于生态系统服务价值的武夷山市绿色

GDP核算研究［J］. 生态经济，（2）：11-14.

［88］张庆阳，琚建华，王卫丹，等，2007. 气候变暖对人类健康的影响［J］. 气象科技，（2）：245-248.

［89］张振明，刘俊国，2011. 生态系统服务价值研究进展［J］. 环境科学学报，31（9）：1835-1842.

［90］张志强，徐中民，程国栋，等，2002. 黑河流域张掖地区生态系统服务恢复的条件价值评估［J］. 生态学报，22（6）：885-893.

［91］章铮，1997. 环境与自然资源经济学［J］. 环境保护，（9）：36-39.

［92］赵平，夏冬平，王天厚，2005. 上海市崇明东滩湿地生态恢复与重建工程中社会经济价值分析［J］. 生态学杂志，24（1）：75-78.

［93］赵士洞，张永民，2004. 生态系统评估的概念、内涵及挑战——介绍《生态系统与人类福利：评估框架》［J］. 地球科学进展，19（4）：650-657.

［94］赵同谦，欧阳志云，郑华，等，2004. 中国森林生态系统服务功能及其价值评价［J］. 自然资源学报，19（4）：480-491.

［95］赵煜，赵千钧，崔胜辉，等，2009. 城市森林生态服务价值评估研究进展［J］. 生态学报，29（12）：6723-6732.

［96］郑秀亮，2018. 惠州：GDP、GEP双核算、双运行［J］. 环境，（2）：40-41

［97］周可法，陈曦，周华荣，等，2006. 基于遥感与GIS的干旱区生态资产评估研究［J］. 科学通报，51（S1）：175-180.

［98］周立华，2004. 生态经济与生态经济学［J］. 自然杂志，26（4）：238-242.

［99］周杨明，于秀波，于贵瑞，2008. 生态系统评估的国际案例及其经验［J］. 地球科学进展，23（11）：1209-1217.

［100］朱春全，2012“以自然为本”推进生态文明［M］// 赵庆忠. 生态文明看聊城. 北京：中国社会科学出版社：68-70.

［101］朱玉林，李明杰，王茂溪，等，2012. 基于能值理论的环洞庭湖区农业生

态系统绿色 GDP 核算研究［J］. 财经理论与实践，33（6）：118–121.

［102］Boulding K E, 1966. The economics of the coming spaceship earth［J］. New York.

［103］Brown M T, McClanahan T R, 1996. Emergy analysis perspectives of Thailand and Mekong River dam proposals［J］.Ecological Modelling, 91（1–3）：105–130.

［104］Costanza R, 1981. Embodied energy, energy analysis, and economics［C］// Energy, economics and the environment：Conflicting views of an essential relationship. AAAS Selected Symposium：119–154.

［105］Costanza R，1989.What is Ecological Economics［J］.Ecological Economics，1（1）：1–7.

［106］Costanza R, d'Arge R, de Groot R, et al., 1997. The value of the world's ecosystem services and natural capital［J］. Nature, 387：253–260.

［107］Costanza R, Hannon B, 1989. Dealing with the "mixed units" problem in ecosystem network analysis［M］//Wuff F，Field J G，Mann K H.Network analysis in marine ecology. Berlin,Heidelberg：Springer：90–115.

［108］Ehrlich P R, Ehrlich A H, 1981. Extinction：The causes and consequences of the disappearance of species［M］.London:Gollancz.

［109］Ehrlich P R, Ehrlich A H, Holdren J P, 1977. Ecoscience population, resources, environment［M］.New York:W.H.Freeman & Company.

［110］Eigenraam M, Chua J，Hasker J,2012. Land and ecosystem services：measurement and accounting in practice［C］.ottawa：18th Meeting of the London Group on Environmental Accounting.

［111］Holdren J P, Ehrlich P R,1974. Human population and the global environment［J］. Readings in Environmental Impact, 62（3）：282–292.

[112] Konarska K M, Sutton P C, Castellon M, 2002. Evaluating scale dependence of ecosystem service valuation：a comparison of NOAA-AVHRR and Landsat TM datasets [J]. Ecological economics,41（3）：491-507.

[113] Kreuter U P, Harris H G, Matlock M D, et al.,2001. Change in ecosystem service values in the San Antonio area, Texas [J]. Ecological Economics,39（3）：333-346.

[114] Kunanuntakij K, Varabuntoonvit V, Vorayos N, et al., 2017. Thailand Green GDP assessment based on environmentally extended input-output model [J]. Journal of Cleaner Production, 167：970-977.

[115] Larson J S, 1973. A guide to important characteristics and values of freshwater wetlands in the northeast：Models for assessment of freshwater wetlands [M].Amherst：Water Resources Research Center, University of Massachusetts.

[116] Loomis J, Kent P, Strange L, et al., 2000. Measuring the total economic value of restoring ecosystem services in an impaired river basin：results from a contingent valuation survey [J]. Ecological Economics, 33（1）：103- 117.

[117] Maltby E, 2009. Functional assessment of wetlands：towards evaluation of ecosystem services [M].Amsterdam：Elsevier.

[118] MeKenzie R D，1926. The Scope of Human Ecology [J].Publications of the American Sociological Society.20：141-154.

[119] Odum H T, 1983. Systems ecology:an introduction [M].New York：Wiley.

[120] Odum H T, 1996. Environmental accounting：emergy and environmental decision making [M].Chichester：Wiley：370.

[121] Odum H T, Odum E C, Blissett M,1987. Ecology and economy： Emergy analysis and public policy in Texas [J]. Policy Research Project Report, 78

（1）： 178.

［122］Odum H T, Odum E P, 2000. The energetic basis for valuation of ecosystem services［J］. Ecosystems, 3（1）：21–23.

［123］Tansley A G, 1935. The use and abuse of vegetational concepts and terms［J］. Ecology, 16（3）：284–307.

［124］Turner K,et al.,1997. Ecological economics：paradigm or perspective［M］// vanden Bergh J，vander Straaten J.Economy and ecosystems in change：Analytical and historical approaches. Cheltenham：Edward Elgar：25–49.

［125］Westman W E, 1977. How much are nature's services worth?［J］.Science, 197（4307）：960–964.

后 记

《粤港澳大湾区典型城市化区域 GEP 探索与实践——以深圳市罗湖区为例》一书是深圳中大环保科技创新工程中心有限公司生态文明研究系列研究成果之一，是《粤港澳大湾区发展规划纲要》发布后推出的粤港澳大湾区典型城市化区域 GEP 研究的重要学术成果。课题组成员付出了艰辛的劳动和辛勤的汗水，庆幸的是拙作如期整理完成。

本书的出版也得益于许多领导、同事和朋友给予的指导和支持，感谢深圳市罗湖区发展和改革局以及深圳中大环保科技创新工程中心有限公司的各位领导和同事为本书的顺利出版所做的努力，感谢“罗湖区生态系统生产总值（GEP）研究核算（ZXCG2018172765）”项目的资助。感谢罗湖区城市更新和土地整备局、住房和建设局、水务局、深圳市生态环境局罗湖管理局、城市和综合执法局、文化广电旅游体育局等多个部门领导和专家对本书成果所提出的宝贵意见和建议，感谢中国环境出版集团各位老师为本书的编辑出版所付出的精力与汗水。由于作者能力有限，书中有不足之处在所难免，衷心期待读者的批评指正。

编著者

2019 年 10 月